KB216164

# 그리는, 조경

# 그리는, 조경

드로잉으로 보는 조경 디자인 역사
Representing Landscape Architecture

**초판 1쇄 펴낸날** 2021년 2월 26일

**지은이** | 이명준 Lee, Myeong-Jun
**펴낸이** | 박명권
**펴낸곳** | 도서출판 한숲
**출판신고** | 2013년 11월 5일 제2014-000232호
**주소** | 서울시 서초구 방배로 143 그룹한빌딩 2층
**전화** | 02-521-4626 **팩스** | 02-521-4627
**전자우편** | klam@chol.com
**편집** | 남기준, 신동훈 **디자인** | 윤주열 **출력·인쇄** | 한결그래픽스

**ISBN** 979-11-87511-27-4 93520

::책값은 뒤표지에 있습니다.
::파본은 교환하여 드립니다.
::이 성과는 정부(과학기술정보통신부)의 재원으로
한국연구재단의 지원을 받아 수행된 연구(No. 2020R1G1A1101775)입니다.

드로잉으로 보는 조경 디자인 역사

# 그리는, 조경

이명준 지음

조경학과에 입학해 졸업까지 배운 건 죄다 드로잉이었다. 현실 경관을 디자인하는 조경에서 예쁜 그림을 그려야 하는 일은 어쩌면 조경 디자인이라는 행위의 숙명이다. 현실 공간에 조성하기 전에 디자인 아이디어는 드로잉으로 먼저 그려질 수밖에 없다. 녹색 가득한 회화 같은 그래픽이 빼곡히 채워진 패널은 매 학기 조경학 수업의 과제물이기도 했다. 마치 그림을 그리듯이 공들여 그래픽 이미지를 만들었다. 물론 조경을 하기 위해 누구나 그림을 그릴 필요는 없다. 조경은 예술과 과학이 융합된 학문 분야라 디자인 이외에도 다양한 과학, 인문학적 리서치가 필요하다. 여하튼 경관을 뜻하는 랜드스케이프landscape가 그것을 그린 그림인 풍경화도 의미하므로 조경과 회화적 이미지의 관계가 꽤나 끈끈한 것은 사실이다.

학부를 졸업한 지 십 년이 넘은 지금도 그러한 회화적 습성은 남아 있다. 고학년 수업 시간에 학생들에게 디자인 아이디어를 구상해 보자고 하니 시작부터 패널을 도화지 삼아 이미지를 넣어 오길래 놀란 일도 있다. 패널과 같은 시각 이미지를 걸어가면서 감상하는 문화는 실은 회화 작품과 조각을 전시해 놓고 품평하던 프랑스 살롱 문화의 유산이다. 여러 이미지를 동시에 자세히 관찰할 수 있는 패널의 이점은 분명 있다. 그러나 경관은 2차원의 정지된 그래픽 이미지가 아니라 살아 움직이는 다차원의 실체다. 다양한 미디어를 이용해 경관의 특성을 구현하려는 시도는 늘 필요하다. 다행히 근래 들어 가상 현실, 증강 현실, 디지털 스캐닝, 파라메트릭스, 빅데이터 등의 디지털 테크놀로지가 조경 계획과 설계의 툴로 급부상하면서 풍경화와 같은 드로잉에 대한 열망은 리뉴얼되는 중이다.

이런 나의 조경 디자인과 교육에 대한 애증의 시선에서 이 책은 시작되었다. 포토샵과 일러스트레이터만 하다가 어느새 학부를 졸업하고 대학원에서 연구를 하다 보니 현실 공간을 디자인하는 조경에서 왜 시각 이미지에 이토록 집착하는지 궁금해졌다. 지금 우리가 사용하는 드로잉 유형과 특성은 언제부터 시작되어 어떻게 변화해 온 것일까. 패널에 가득한 풍경 사진처럼 만들어진 컴퓨터 그래픽은 무슨 기능을 하고 있는가. 하루가 다르게 변화하는 세상에서 조경 드로잉은 어떠한 역할을 하는 것이 바람직한가.

나는 먼저 과거로 돌아갔다. 조경 드로잉의 과거에서 현재까지의 궤적을 좇으면서 오늘날의 조경 드로잉이 어디서 왔는지를 추적했다. 그리고 지금의 조경 드로잉에 문제는 없는지 살펴보고 바람직한 미래를 상상해봤다. 그러므로 이 책은 역사서이자 비평서이다. 경관을 '그리는' 드로잉에 대한 것이자 조경의 어제와 오늘을 '그려보는', 그래서 책 제목을 『그리는, 조경』으로 지었다.

이 책은 내 박사 학위 논문과 그간의 연구 출판물의 내용을 토대로 월간 『환경과조경』에 2019년 한 해 동안 연재했던 원고를 고쳐 묶은 것이다. 두 개의 파트에 각각 여섯 편의 글이 담겨 있다. 첫 번째 파트에서 20세기 초중반까지의 손 드로잉을 주로 다룬다면, 두 번째 파트는 대체로 컴퓨터가 출현한 이후의 조경 드로잉 이야기다. 전자에서 나는 조경 드로잉의 주요 기능과 역할을 도구성과 상상력으로 설명하고 16세기부터 20세기까지 조경의 주요 역사를 조망하면서 두 특성이 드로잉에 어떻게 반영되었는지를 검토했다. 후자에서는 손에서 컴퓨터로 드로잉 매체가 변화하는 20세기 후반의 지도 중첩, 콜라주, 모형 만들기와 같은 드로잉 기법을 살펴보면서 오늘날 자주 이용하는 조경 드로잉과의 관계를 설명했다. 근래에 유행하는 사실적인 디지털 조경 그래픽의 장단점을 설명하는 과정에서 '포토-페이크photo-fake'라는 새로운 용어를 만들기도 했다. 이러한 말은 비아냥 섞인 자조라기보다 시대의 변화에 조경 드로잉이 어떻게 대처하면 좋을지를 그려보기 위해 고안한 것이다.

고백하자면 내가 조경을 좋아하는지 아직은 잘 모르겠다. 어울리지 않는 옷을 걸치고 있는 건 아닌지 늘 조바심이 든다. 다만 삶을 살아갈수록 점점 자연이 좋아진다는 것은 확신한다. 연두의 새순이 초록의 녹

음으로 변해가는 시간을 이젠 제법 즐기고, 단풍이 빨강과 노랑이 아니라 그 사이의 수많은 농담으로 이루어진다는 것을 안다. 여름의 매미와 개구리가 우는 밤이면 유년 시절 지낸 시골집의 기억에 파묻혀 한동안 침잠하기도 하며, 바람이 차질 무렵 누군가의 담배 연기의 향이 이전과 달라지면 불현듯 군복무 시절을 회상하기도 한다. 사계절이 지나 또 다른 봄을 맞이하는 일이 즐겁다.

이런 생명에 대한 앎은 역설적이게도 친구의 죽음으로 터득하게 되었다. 서른을 넘긴 지 얼마 안되어 맞닥뜨린 친구의 죽음은 삶에 대한 가치관을 송두리째 흔들어 놓았다. 모든 생명은 언젠가는, 아니 생각보다 빠르게 소멸하기도 하며 이 법칙에서 우리 인생도 예외일 수 없다. 오늘 나의 하루가 그리고 우리의 만남이 의지와는 상관없이 마지막이 될 수도 있다. 그러므로 이 책은 이제 여기 없는, 내게는 영원히 서른 살인 친구 정동채에게 큰 빚을 지고 있다. 이제 와 염치없지만 그에게 감사의 말을 전한다.

지금이 내 인생의 사계절에서 어디쯤 위치하는지 나는 모른다. 혹독한 겨울을 지나고 있는 것 같다고 징징대던 시절도 돌이켜 보니 새로운 싹을 틔우던 봄이었다. 그러니 난 자연과 시간의 흐름을 타면서 지금을 살아가면 된다.

고마운 분들이 참 많다. 진부한 수사지만 나를 아는 모든 사람이 이 책이 나오는 데 기여했다. 먼저 학사, 석사, 박사라는 꽤 긴 시간 동안 나를 지켜봐 주신 지도 교수님께 감사하다. 매달 잡지 원고를 꼼꼼히 읽어 주고 아낌없는 조언을 준 윤정훈 기자님과 남기준 편집장님도 이 책의 출판에 큰 공이 있다. 지금도 나를 철없던 십대 시절의 모습으로 봐 주는 중고등학교 동창, 찬란했던 이십대를 함께한 서울대학교 조경학과 동기와 선후배, 예술 이론의 즐거움을 알게 해 준 영화연구회 얄라셩 동인은 인생의 큰 자산이다. 연구라는 쉽지 않은 길의 역경을 견뎌내고 있는 서울대학교 통합설계·미학연구실 동료들과 대학원 시절 알게 된 훌륭한 연구자들에게 경의를 표한다. 나의 새로운 둥지인 한경대학교 조경학과의 동료 교수님들과 내 귀여운 제자들에게도 고마운 마음을 전한다. 마지막으로 학업을 중단하고 싶을 때마다 다독이면서 기다려 주신 부모님과 형제를 비롯한 가족 모두에게 감사와 사랑을 듬뿍 드린다. 고생하셨어요.

· 차례 ·

Part 2
조경 드로잉 비평

Part 1

# 조경 드로잉 역사

## 4장 _ 풍경을 그리는 드로잉



## 5장 _ 첫 조경 드로잉



## 6장 _ 설계 전략 그리기

- 1 -

# 드로잉,
# 도구와 상상을 품다

공들여 채색된 이 그림은 험프리 렙턴Humphry Repton(1752~1818)이 영국 노팅엄셔Nottinghamshire의 웰벡 영지Welbeck Estate의 설계 이전과 이후 모습을 그린 것이다(그림 1). 서양 조경사에서 렙턴은 설계 전후의 경관을 덮개를 이용해 보여주는 테크닉과 높은 완성도의 조경 드로잉을 선보인 조경가로 소개된다. 그는 최초의 전문 정원가landscape gardener로 평가되기도 한다. 가로로 긴 파노라마 형식의 이 드로잉에서 렙턴은 양쪽 전경에 잎이 풍성한 교목으로 화면 전체의 프레임을 만들어 안정감을 주고, 그 사이로 넓은 영지의 모습이 점점 후퇴하는 것처럼 묘사해 그림에 깊이감을 부여했다. 중앙에는 자신의 장기인 덮개를 설치해 설계 이전과 이후의 변화된 경관의 모습을 극적으로 연출했다.

흥미로운 건 드로잉의 주제인 경관의 개선보다 드로잉 앞에 등장하는 사람들이다. 오른편에 위치한 활엽 교목 한 그루 아래에 두 쌍의 인물이 있다. 왼편에는 토지 측량 기구를 든 사람이 그의 조수와 함께 토지를 측량하고, 그 반대편에는 또 다른 신사가 그의 조수와 풍경을 스케치하고 있다. 이 인물들은 가까스로 덮개에 가려지지 않도록 신중히 배치되어 설계 전후의 장면에 동시에 등장하도록 연출되어 있다. 렙턴은 왜 두 쌍의 사람들을 그림 전경에 그려 넣었을까. 보통 조경 설계 드로잉에는 설계된 경관의 이용 모습을 보여주기 위해 다양하게 그 경관을 향유하는 사람들을 배치하기 마련이다. 렙턴

**그림 1**
Humphry Repton, Welbeck Estate, 1794.

이 경관을 이용하는 사람이 아니라 측량하고 스케치하는 사람을 등장시킨 이유는 무엇일까.

## 조경가는 그리면서 설계한다

질문에 답하기 전에, 조경에서 드로잉이 중요한 이유를 우선 이야기해 보자. 조경학과에 들어와 본격적인 설계보다 먼저 배우는 건 드로잉이다. 그래서인지 주변에서 혹은 조경학을 시작하는 학생들에게서 "조경을 하려면 그림을 잘 그려야 하나요"라는 질문을 들을 때가 많다. 물론 그렇지 않다. 그림을 잘 그린다고 해서 조경 설계를 잘하는 것은 아니며, 조경을 하기 위해 그림을 잘 그려야 하는 것도 아니다. 조경은 경관을 조성하는 것이지 그림을 그리는 것이 아니다. 하지만 조경 설계 과정에서 드로잉은 반드시 포함되고 또 중요하게 여겨지는 것도 사실이다. 실제 경관을 설계하고 조성하기 전에 설계가의 머릿속에 설계된 경관은 오로지 드로잉의 형태로 물질화되어 존재할 수밖에 없다. 선택이라기보다 필연인 셈이다.

설계 초기 단계에는 설계하고자 하는 대상지의 여러 정보를 조사해 지도의 형식으로 시각화mapping하기도 하고, 설계 아이디어를 발전시키는 과정에서 트레이싱지 위에 펜과 마커를 이용해 다이어그램을 그리기도 하며, 클라이언트와 대중을 위해 설계된 경관의 비전을 공들여 묘사한 이미지를 제작하기도 한다. 또한 지형을 테스트하기 위해 모형을 만들어보기도 한다. 이러한 드로잉은 손으로 그리기도 하지만 요새는 주로 컴퓨터 소프트웨어를 이용해 만든다(그림 2). 조경가는 늘, 그리면서drawing 설계한다.

게다가 조경가가 설계하는 대상인 경관이라는 단어의 역사를 살펴보면 실제 공간이 아니라 공간을 시각화한 이미지를 의미했다는 사실을 알 수 있다. 경관은 영어 랜드스케이프landscape를 번역한 말로, 어원 랜드스킵landskip은 본래 땅 이전에 그것을 그린 그림을 가리키는 말이었고, 이후 17세기 네덜란드어 란츠합landschap은 회화를 의

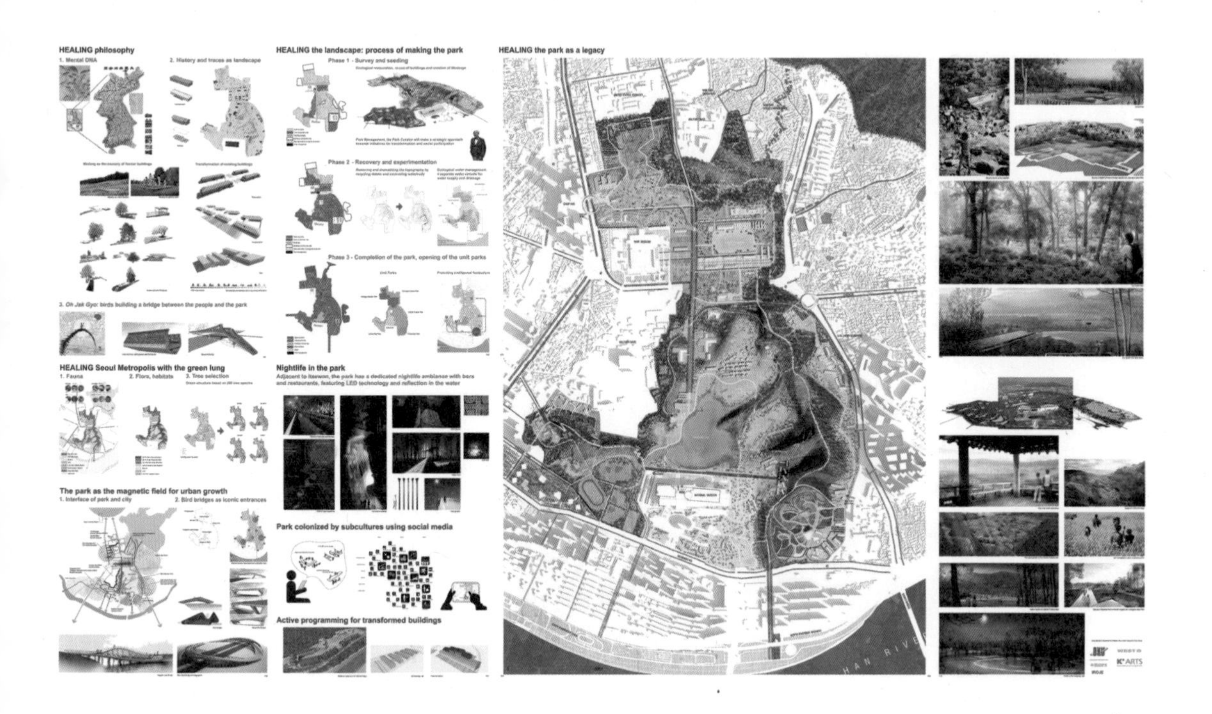


그림 2
West 8 · 이로재 외, 'Healing: The Future Park', 용산공원 설계 국제공모, 2012.

미하기도 하다가, 이후에 경치scenic의 개념이 현실 세계에 적용되기 시작했다. 풍경화라는 시각 이미지가 경관에 대한 개념을 만들어낸 것이다.[1] 이렇듯 경관, 드로잉, 그리고 경관을 설계하는 조경은 불가분의 관계에 있다. 조경가는 경관을, 그리면서 설계한다.

## 도구성과 상상성

조경 드로잉은 조경의 정체성을 보여주기도 한다. 조경이 과학인가 예술인가 하는 문제는 전문 분야로서 조경의 정체성을 논의할 때마다 제기되곤 한다. 조경 설계 과정에 이용되는 다양한 드로잉 방식은 조경의 정체성을 구성하는 그러한 두 가지 특성을 고스란히 보여준다.[2] 지리정보시스템GIS을 이용해 대상지의 여러 정보를 맵핑하는 것은 조경의 과학적 특성을 대표하고, 어도비 포토샵이나 일러스트레이터와 같은 그래픽 소프트웨어를 이용해 회화적 드로잉을 제작하는 것은 조경의 예술적 특성을 보여준다. 전자를 '도구성instrumentality', 후자를 '상상성imagination'이라고 부를 수 있다.[3]

과학적 도구성과 예술적 상상성이라는 두 가지 특성은 조경 설계의 역사에서 중요하게 언급되는 두 정원 설계 양식에도 드러나 있다. 18세기 후반 출판된 시인 자크 드릴Jacques Delille의 시집 『정원, 풍경을 아름답게 만드는 예술Les Jardins, Ou L'art D'embellir Les Paysages』에 실

1
James Corner, "Eidetic Operations and New Landscapes", in *Recovering Landscape: Essays in Contemporary Landscape Architecture*, James Corner, ed., New York: Princeton Architectural Press, 1999, p.153; 황기원, 『경관의 해석: 그 아름다움의 앎』, 서울대학교 출판문화원, 2011, pp.71~104.

2
Elizabeth K. Meyer, "The Post-Earth Day Conundrum: Translating Environmental Values into Landscape Design", in *Environmentalism in Landscape Architecture*, Michel Conan, ed., Washington, DC: Dumbarton Oaks Research Library and Collection, 2000, pp.187~244.

3
조경 설계와 드로잉의 특성을 도구성과 상상성으로 파악하는 아이디어는 제임스 코너의 영향을 받았다. 제임스 코너의 드로잉 실무와 이론에 관한 논의는 다음을 참조할 것. James Corner and Alison Bick Hirsch, eds., *The Landscape Imagination: Collected Essays of James Corner 1990-2010*, New York: Princeton Architectural Press, 2014; 이명준, "제임스 코너의 재현 이론과 실천: 조경 드로잉의 특성과 역할", 『한국조경학회지』 45(4), 2017, pp.118~130.

린 한 장의 판화(그림 3), 여기엔 두 여인이 새겨져 있다. 오른편 여인은 자, 삼각자, 컴퍼스 등의 도구를 곁에 두고, 왼편 여인은 왼손에 팔레트와 붓을 쥐고 뒤편에 위치한 풍경을 가리키고 있다. 두 여인은 아마도 원경에 그려진 정원에 대해 논쟁하고 있는 듯하다. 조경사가 에릭 드 용Erik de Jong에 따르면, 오른편 여인의 드로잉 도구는 "정원 설계의 건축적 양식", 즉 프랑스의 정형식 정원을, 왼편 여인의 도구는 "풍경화식 양식", 즉 영국의 풍경화식 정원을 지시한다.[4] 자, 삼각자, 컴퍼스가 '자로 잰 듯' 정밀하게 측정되어 조성된 정형식 정원을 보여준다면, 팔레트와 붓은 '붓으로 그린 것처럼' 회화적으로 구성된 풍경화식 정원을 나타낸다. 전자가 조경의 과학적 도구성에 가깝다면, 후자는 예술적 상상성에 속한다.

그림 3
Jacques Delille, Illustration of Les Jardins, Ou L' art D' embellir Les Paysages, 1782.

이제 글의 처음에 제시한 드로잉으로 되돌아가자. 렙턴은 드로잉에 자신이 설계한 경관을 이용하는 사람 대신 경관을 측량하고 스케치하는 사람을 그려 넣었다. 측량하고 스케치하는 행동은 경관을 설계하는 행위다. 그러니까 드로잉에 그려진 사람은 정원의 방문객이 아니라 정원가,

4
Erik de Jong, "Landscapes of the Imagination", in *Landscapes of the Imagination: Designing the European Tradition of Garden and Landscape Architecture 1600–2000*, Erik de Jong, Michel Lafaille and Christian Bertram, eds., Rotterdam: NAi Publishers, 2008, p.17.

바로 렙턴 자신이다. 이 그림은 경관 설계 드로잉이자 정원가 렙턴의 자화상이기도 한 셈이다. 조경사가 앙드레 로저André Rogger가 해석하듯, 이 드로잉에서 렙턴은 자신의 직업인 정원가를 측량사와 화가라는 두 직종의 결합으로 묘사하고 있다.[5] 왼편의 사람들은 경관을 정확하게 측정하는 과학적 도구성을, 오른편의 두 사람은 경관을 아름답게 묘사하는 예술적 상상력을 보여준다.

5
André Rogger, *Landscapes of Taste: The Art of Humphry Repton's Red Books*, London: Routledge, 2007, p.104.

## 드로잉 유형

앞의 두 그림에서 조경의 정체성과 양식을 묘사할 때 조경 설계 도구가 동원되고 있다는 점에 다시 주목해 보자. 제도와 측량 도구, 스케치와 채색 도구가 설계 행위의 특성과 정원의 형식을 대변하고 있다. 이 중 대부분이 경관을 시각화하는, 즉 드로잉의 도구라는 점도 재미있다. 경관을 설계하는 조경에서, 경관을 드로잉하는 행위가 중요하다는 사실을 보여준다.

조경가가 자신이 상상한 경관을 드로잉할 때, 경관의 모든 국면을 그려낼 수는 없다. 몇 가지의 드로잉 관습, 즉 드로잉 유형을 이용하여 경관의 일부분만을 그릴 뿐이다. 평면도로 대상지의 전반적 개요를 그리고, 입단면도로 경관의 높낮이를 설명하고, 투시도로 경관의 분위기와 활용을 시각화하며, 다이어그램으로 자신의 설계 전략을 도식화하기도 한다. 앞서 말한 드로잉 도구는 이와 같은 드로잉 유형에 대체로 대응한다. 자, 삼각자, 컴퍼스는 경관을 2차원의 평면에 정확하게 정투영하는 도구적 드로잉 유형인 평면도와 입단면도 등에, 팔레트와 붓은 설계될 경관의 겉모습과 분위기를 회화처럼 그려내는 예술적 드로잉 유형인 투시도에 대응한다.

조경 드로잉의 유형은 크게 세 가지로 분류할 수 있다. 첫째, 평면도와 입단면도같이 경관을 정투영한 투사 드로잉projection은 경관의 실제 조성을 위해 중요하고, 그만큼 엄밀함과 정확성을 요구한다. 건축사가 제임스 애커만James S. Ackerman에 따르면, 건축 평면도는 적어도 고대 로마시대부터, 입단면도는 13세기부터 나타났다고 한다.[6] 투사 드로잉의 유형은 16세기 르네상스 건축 드로잉의 영향을 받아 조경에서도 이용되기 시작했기 때문에 건축적 투사라고 간주되기도 하며,[7] 조경 설계에서는 16세기 이탈리아 르네상스 정원과 17세기 프랑스 정형식 정원에서 중요하게 이용되기 시작했다.

둘째, 투시도처럼 경관의 겉모습을 회화적으로 묘사하는 유형이다. 설계한 경관이 어떻게 눈에 보이는지 그 공간의 분위기와 활용을 예시하여 클라이언트와 대중에게 보여주기 위해 만들어진 것이다.[8] 투시도는 풍경화나 사진과 유사한 형식과 구성을 지니기 때문에 전문가가 아닌 일반 대중도 쉽게 설계 공간을 이해할 수 있다. 또한 앞서 말했듯 경관이라는 말과 개념이 풍경화의 영향을 받아 만들어졌다는 점을 고려한다면, 이 드로잉 유형이 경관을 시각화하는 데 있

6
James S. Ackerman, "The Conventions and Rhetoric of Architectural Drawing", in *Origins, Imitation, Conventions: Representation in the Visual Arts*, James S. Ackerman, ed., Cambridge, MA: MIT Press, 2002, pp.296, 298.

7
Erik de Jong, "Landscapes of the Imagination", p.22.

8
엄밀하게 말하면, 선형 원근법(linear perspective)에 의해 그려진 투시도의 경우 투사 드로잉에 속한다. 하지만 조경 설계의 역사에서 투시도는 경관의 분위기를 그려내기 위해 공들여 채색하거나 몽타주와 콜라주처럼 경관을 새롭게 시각화하는 데 이용되면서 선형 원근법을 느슨하게 적용하는 경향이 있었다.

어 얼마나 적절하고 중요한 기법인지 짐작할 수 있다. 공간의 분위기를 시각화하는 회화적 기술이 중요한 이 유형은 공모전 드로잉에서 특히 중요한 요소로 여겨지고 있다. 조경사에서 회화적 묘사 방식이

그림 4
James Corner, 'Lifescape', Fresh Kills: Landfill to Park, 2001.

강조되는 투시도는 18세기 영국 풍경화식 정원 설계에서 특히 즐겨 이용되었다.

마지막으로, 경관의 보이지 않는 속성을 시각화하는 다이어그램이 있다. 앞의 두 유형이 경관의 겉모습을 닮도록 모사하는 기법이라면, 다이어그램은 경관의 기능이나 동선, 경관 요소 간의 관계, 시간에 따른 변화 등, 투사 드로잉과 투시도로 그려내기 힘든 설계 전략을 시각화하기 위해 만들어진다. 다이어그램은 앞의 두 유형에 비해 그리는 규칙이 느슨한 만큼 설계가의 상상력을 얼마든지 다양한 방법으로 그려낼 수 있다. 다이어그램은 20세기 초반 미국의 모더니즘 조경가들이 설계에 본격적으로 이용하기 시작했고, 근래에는 여러 컴퓨터 소프트웨어를 통해 다채로운 방식으로 만들어지고 있다.

## 도구성과 상상성의 유연함

지금까지 설명한 드로잉 유형, 그리고 도구성과 상상성이 늘 뚜렷하게 구별되는 것은 아니다. 다음 장에서 논의하겠지만, 드로잉 유형은 다양한 방식으로 혼성화되면서 다른 유형으로 유연하게 변형될 수 있다. 어떠한 하나의 드로잉 유형이 도구성과 상상성의 한 가지 특성만을 지닌다기보다는, 드로잉 유형이 어떻게 시각화되어 어떤 기능을 담당하느냐에 따라 유동적이고, 동시에 작동하기도 하는 것이다. 예를 들어 평면도는 일반적으로 경관의 정보를 정확히 측정해 도구적으로 그려내는 유형이지만, 제임스 코너가 프레시 킬스 공원Fresh Kills Park 설계 공모에서 선보인 플랜 콜라주plan collage와 같이 다이어그램으로 변형되어 설계 아이디어를 발전시키는 창의적이고 상상적인 드로잉으로 기능할 수도 있다(그림 4). 투시도는 평면도나 입단면도와 비교하면 상상성의 기능을 담당한다고 말할 수 있지만, 경관의 사실적 묘사에 치중할 경우 경관의 겉모습을 주로 설명하는 도구적 기능을 담당하기도 하고, 몽타주나 콜라주처럼 경관을 새로운 방식으로 보여주면서 상상력을 시각화하는 기법으로도 기능할 수 있다(그림 5).

**그림 5**
Adriaan Geuze, Schouwburgplein Perspective Collage, 1990.

이러한 도구성과 상상성, 그리고 이들의 혼성화는 조경 드로잉과 조경 설계의 역사를 들여다보는 하나의 유용한 시각이며, 현대 조경의 실무, 이론, 교육, 그리고 향후의 바람직한 방향을 설정하는 데도 시사하는 바가 크다. 이 책을 통해 조경 설계에서 이용하는 다양한 드로잉 유형(투사, 투시도, 다이어그램), 드로잉 매체(손과 컴퓨터, 모형), 드로잉 기법(부감, 움직임, 몽타주와 콜라주, 맵핑)의 과거와 현재를 넘나들며 도구성과 상상성의 작동 양상을 살펴보고, 현재 이용되는 드로잉 기법이 어디에서 비롯되었고 어떻게 변화해 왔는지, 현재 조경 드로잉의 경향은 어떠하고 문제는 없는지, 앞으로 조경 설계에서 드로잉은 어떻게 진화할지에 대해 이야기하고자 한다.

- 2 -

# 나무를 그리는 방법

조경학과 신입생들에게 정원과 집을 지도 형식으로 간단히 그려 보라고 한 적이 있다. 대부분의 학생이 건축물은 박스 형태로 제법 잘 그렸지만 정원을 그리는 데는 조금 망설였다. 나무를 평면 형태로 그려본 적이 없기 때문에 상상해보는 시간이 필요했던 것이다. 조경 도면에 사용되는 여러 기법은 일종의 규칙, 즉 배워서 익힌 관습이다. 조경학을 오랜 시간 공부했기에 지금은 이러한 관습이 당연하고 익숙하지만, 조경학 전공을 택했을 때만 해도 난 조경 도면을 제대로 읽지 못했다. 등고선과 축척, 방위 등은 중고등학교 지리 시간에 배웠지만 식재를 포함하는 구체적 요소는 조경학도가 되어 처음으로 그려보았다.

모든 규칙에는 저마다의 이유가 있다. 도면의 규칙은 구성 요소를 간편하게 표현할 수 있도록, 그 규칙을 아는 사람에게는 쉽게 읽힐

수 있도록 고안된 효율적인 커뮤니케이션 수단이다. 이러한 규칙을 익히게 하는 것이 조경 교육의 주요 역할이라 생각하면서도, 이러한 관습에 의구심이 들었다. 왜, 그리고 언제부터 그러한 방식으로 그리기 시작했을까. 예를 들어, 조경 드로잉의 주요 대상인 식재를 평면으로 나타내고자 할 때, 우리는 동그라미 형태로 그리도록 배웠고 그렇게 그린다. 이러한 방식은 언제 생겼을까. 조경 도면이 그려지기 시작할 무렵부터였을까. 아니라면, 그 전에는 나무를 어떻게 시각화했을까.

## 플라노메트릭

이 드로잉은 18세기 후반에 그려진 스웨덴의 하가 공원Haga Park의 평면도다(그림 1). 영국의 풍경화식 정원을 자국에 소개한 스웨덴 조경가 프레드리크 망누스 피페르Fredrik Magnus Piper(1746~1824)가 그렸으며, 공원 디자인 양식에 적합하게 풍경화처럼picturesque 공들여 채색되어 하나의 회화 작품으로 보아도 손색없는 수준이다. 이 평면도에서 건축물은 2차원의 평면에 정투영 방식으로 그려져 있다. 흥미로운 건 식재의 시각화 방식이다. 자세히 살펴보면, 식물은 정면 형태로 그려놓은 사실을 확인할 수 있다. 그런데 식물을 정확히 정면에서 본 입면도 형식으로 그린 것도 아니다. 정투영의 원리에서 벗어난 느슨한 투시도 형식으로 시각화하고 있다. 이렇게 그린 이유는 무엇인가.

우선, 조경 드로잉의 세 가지 유형(투사, 투시도, 다이어그램)에서 경관을 그리는 데 가장 빈번하게 이용된 유형이 투시도였기 때문이다. 경관

그림 1
Fredrik Magnus Piper, General Plan for the Park at Haga, 1781

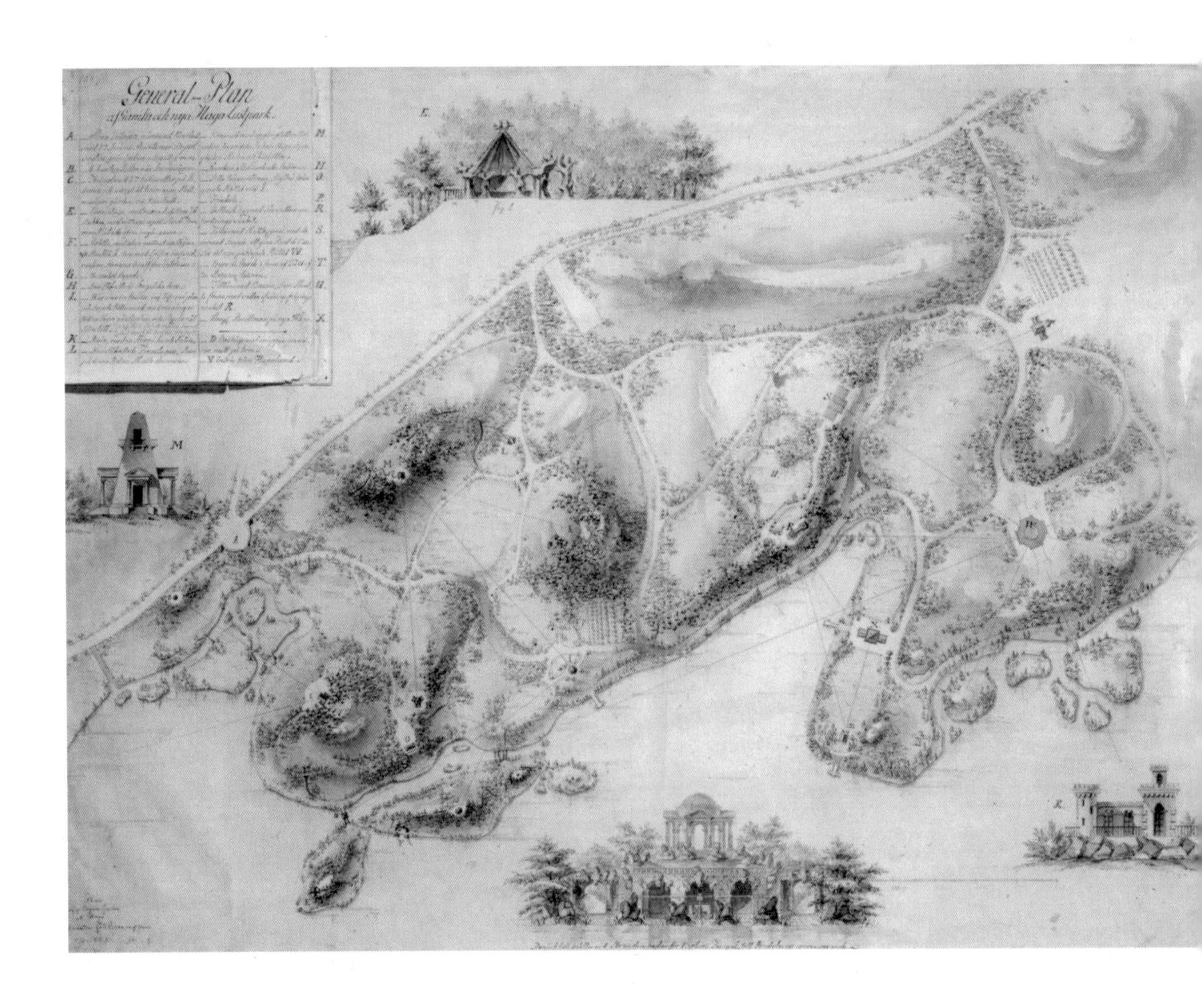

이라는 말과 인식이 풍경화의 영향을 받아 형성된 만큼 풍경화를 그릴 때 사용되는 투시도가 경관을 시각화하기 적절했고, 풍경화에 길들여진 사람의 눈에도 익숙했다. 또한 투시도는 경관을 구성하는 식물 소재의 시각화에 적합하기도 했다. 지형과 건축물은 인간이 관찰하는 시점이 아니라 공중에서 본 시점이 전제된 평면도 형식으로 그려졌다면, 식물은 인간이 바라보는 시점인 투시도 기법으로 시각화된 것이다.

이러한 드로잉 기법이 이용된 다른 이유는 당시에 나무의 형태를 공중에서 지면으로 정투영하는 관습, 즉 탑뷰top view 기법이 아직 나타나지 않았기 때문이다. 식재의 탑뷰는 19세기 중엽 조경 드로잉에 등장하여 점차 일반화된 것으로 보인다(그림 2). 그 이전 평면도의 식물은 정면에서 본 형태를 그린 것이다. 식물은 겉모습의 아름다움이 중요한 대상이었고, 그래서인지 건축물과는 다르게 정투영의 원리에서 비교적 자유로웠다.

평평한 지도와 같은 지형에 식물을 비롯한 경물의 정면 모습을 한데 그리는 기법을 플라노메트릭planometric이라 부른다.[1] 플라노메트릭 기법은 고대 이집트 정원을 그린 그림에도 나타나 있다(그림 3). 이 그림은 전반적으로 평면도의 형식을 취하고 있고, 이집트 정원의 공간 구획을 잘 드러낸다. 주목할 것은 식물을 포함하는 정원의 구성 요소는 정면에서 본 형태로 그려져 있다는 점이다. 제임스 코너는 이 그림에 적용된 플라노메트릭 기법을 흥미롭게 해석한다. 플라노

1
James Corner, "Representation and Landscape: Drawing and Making in the Landscape Medium", *Word & Image: A Journal of Verbal/Visual Enquiry 8(3)*, 1992, pp.253, 255; Erik de Jong, "Landscapes of the Imagination", in *Landscapes of the Imagination: Designing the European Tradition of Garden and Landscape Architecture 1600–2000*, Erik de Jong, Michel Lafaille and Christian Bertram, eds., Rotterdam: NAi Publishers, 2008, p.22.

메트릭을 "경관이나 정원 디자인에 보다 특수한" 시각화 방식으로 보는 것이다.[2] 그의 말에 따르면 "층, 벽, 지붕을 체적으로volumetrically 쌓아 올리는 건축물과 다르게, 경관의 조성은 플라노메트릭 작업과 훨씬 유사한데, '플라노메트릭'은 땅의 평면과 정면의 정체성을 동시에 강조하고 … 정원가에게 '경관의' 부분들 사이의 관계뿐만 아니라, 다양한 식재 형태의 레이아웃과 분배를 설명하는 기능도 한다."[3]

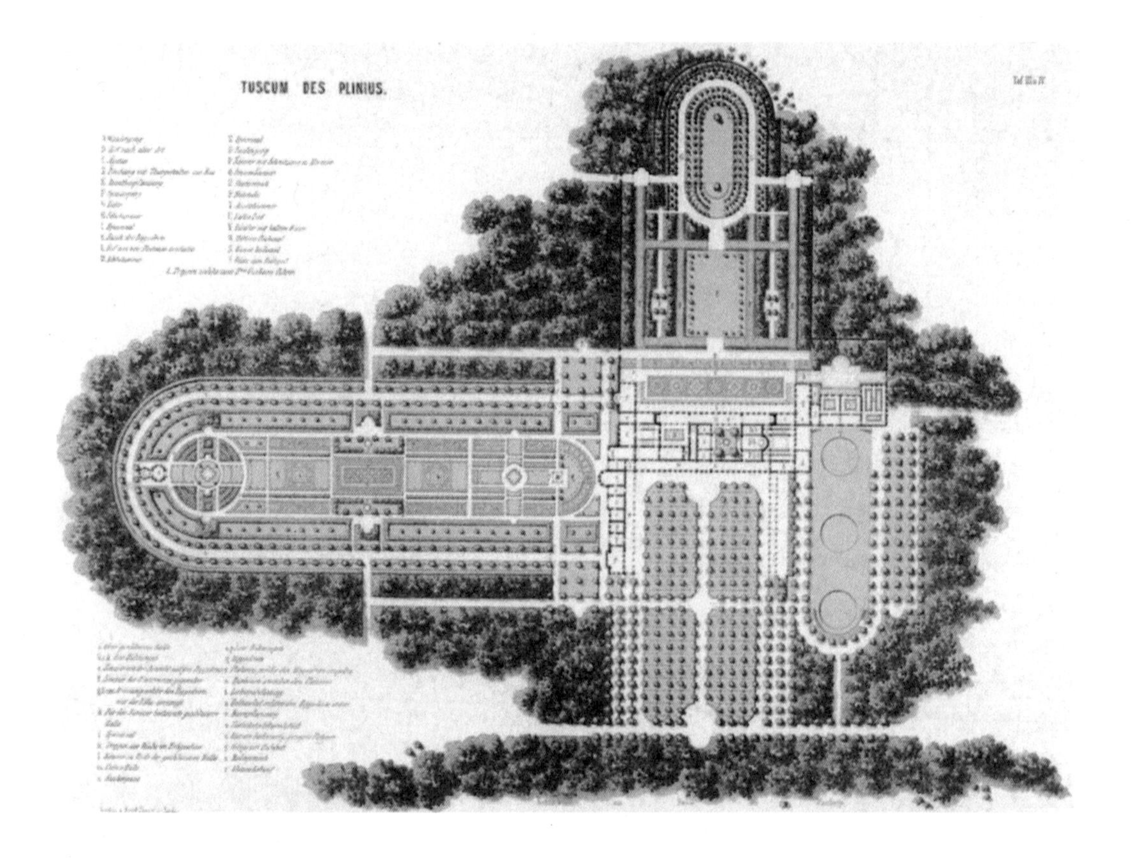


그림 2
Gustav Meyer, Hypothetical Plan of Ancient Roman Garden, 1860

조경가 엘크 머튼스Elke Mertens도 코너와 유사하게 이 기법이 평면도로 그렸을 때는 보여줄 수 없는 식물의 수종, 크기, 시각적 특성을 묘사하는 데 적합하다고 말한다.[4] 바꿔 말하면, 플라노메트릭 기법은 공간의 구획을 보여주면서, 실제로 식물을 심는 조경의 특징을 보여주는 데 적절한 시각화 방식이다.

2
James Corner, "Representation and Landscape: Drawing and Making in the Landscape Medium", p.253.

3
위의 글, pp.253, 255.

4
Elke Mertens, *Visualizing Landscape Architecture*, Basel: Birkhäuser, 2010, pp.10~11.

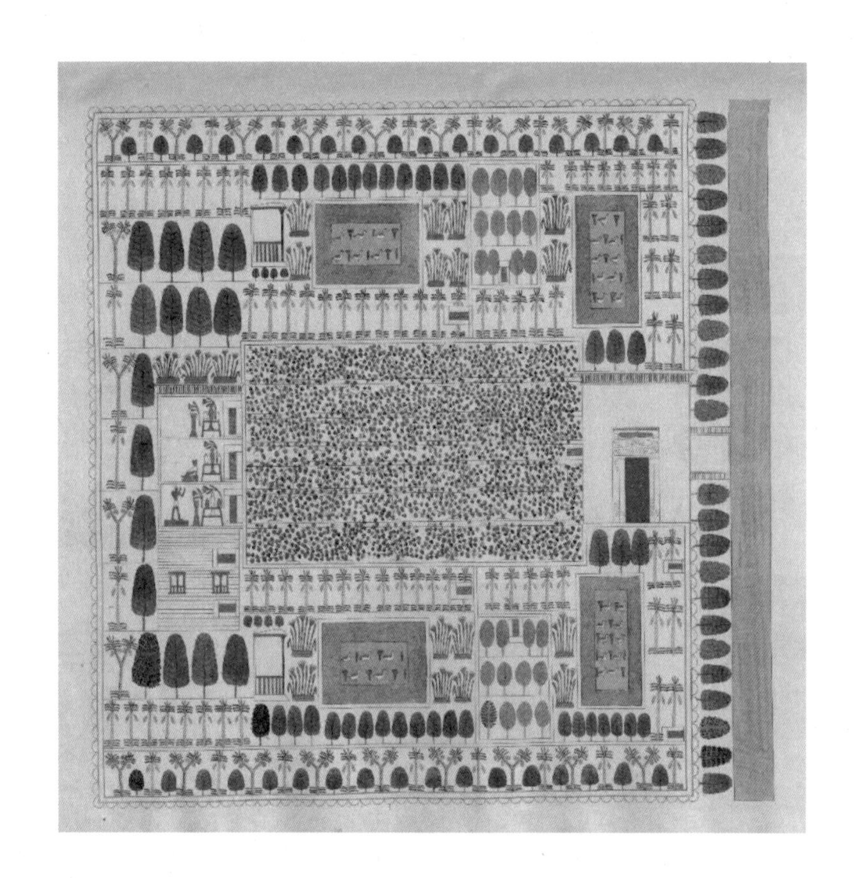

그림 3
Ippolito Rosellini, Egyptian Garden, from a tomb at Thebes, Plate LXIX, 1832

## 드로잉 유형의 혼성화

플라노메트릭 기법은 서로 다른 드로잉 유형을 혼성화hybridization 하는 방식으로 이해할 수 있다. 피페르의 드로잉에서 땅과 건축물은 평면으로, 식물은 느슨한 투시도 형식으로 합성된다. 식물은 그림자까지 그려지면서 회화처럼 처리되어 있다. 1장에서 설명한 드로잉의 도구성instrumentality과 상상성imagination을 고려해보면, 과학의 정확성, 말하자면 도구성을 기본으로 하는 평면도에 예술의 상상력, 즉 상상성에 기반한 느슨한 투시도를 혼성화하고 있는 셈이다. 또한 이 드로잉은 기본적으로 평면도를 기반으로 하는 지도 형식이지만, 주변부의 건축적 요소는 입단면도로 그려져 있다.[5] 우리에게 익숙한 드로잉 유형은 각각 분리되어 존재해 온 것 같지만, 실은 여러 유형이 다양한 방식으로 혼성화되고 있던 것이다.

5
지형은 피페르가 손수 그렸지만 건축적 요소 대부분은 당대 프랑스의 무대 건축가였던 장 데프레(Jean Desprez)에게 위탁되었다고 알려져 있다. Thorbjörn Andersson, "From Paper to Park", in *Representing Landscape Architecture*, Marc Treib, ed., London and New York: Taylor & Francis, 2008, pp.81, 95.

플라노메트릭으로 그린 드로잉이 지금 우리의 눈에는 잘못된 것처럼, 어딘가 이상하게 보일지 모르겠지만, 당대인에게는 사실을 그린 것처럼 보였을지도 모르겠다. 앞서 말했듯 사실 조경이라는 행위는 평면도나 입단면도, 투시도와 같은 단독의 드로잉 유형으로는 구현하기 힘들고, 오히려 땅의 구획을 보여주는 평면과 식재의 종류, 특징과 배치를 동시에 보여주는 느슨한 투시도가 한데 혼성화된 플라노메트릭으로 더 잘 설명된다.

드로잉 유형이 혼성화되는 양상은 다양한 디지털 소프트웨어를

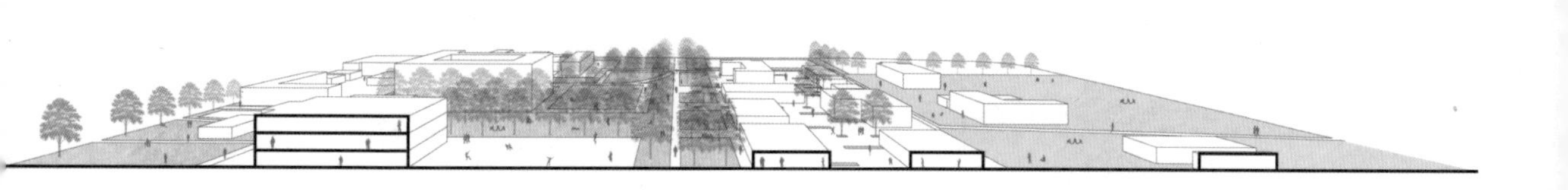

그림 4
임한솔·이중현·나혜지, '시간의 숲, 생명의 들', 2018 근대 도시건축 Re-Birth 디자인 공모전 우수상, 2018

이용해 시각 이미지를 자유롭고 손쉽게 변형할 수 있는 근래에도 종종 나타난다. 입단면도와 투시도를 결합하여 시각화하는 경우다(그림 4). 어쩌면 우리의 드로잉 유형은 한번에 시각화할 수 있는 것을 편의상 분리해놓은 것은 아닐까. 드로잉 유형이 물리적으로 혼합되는 양상뿐 아니라 화학적으로 결합하여 다른 드로잉 유형으로 변형되는 경우도 있다. 1장에서 다룬 제임스 코너의 프레시 킬스 공원 플랜 콜라주는 평면도를 다이어그램으로 변형해 경관 형태 생성의 주요 도구로 활용한 주목할 만한 사례다.

## 드로잉 시간의 혼성화

시간의 차원을 생각해보면, 드로잉은 본래 혼성화된 산물이다. 조경 드로잉이 그려내는 현실 세계는 대체로 아직 현실화되지 않은 미래의 것이다. 설계 대상지는 이미 현실 세계에 존재하는 현재의 것이지만 설계가의 머릿속에서 디자인된 대상지의 비전은 그것이 실제로 구축되지 않는 이상 미래의 것이다. 말하자면, 드로잉의 시제는 늘 미래다. 이러한 점에서 조경을 포함하는 건조 환경의 설계 드로잉은 회화나 사진을 비롯한 순수 예술과는 근본적으로 다른 특성을 지닌다. 풍경 사진이나 풍경화에 시각화되는 현실은 대체로 과거의 것이지만, 설계 드로잉은 미래의 비전을 그려내기 때문이다. 코너의 해석을 빌리면 "조경 드로잉은 기존 현실을 반영한 결과라기보다, 나중에 나타날 현실을 생산적으로 그린 것으로 … 건조 경관은 먼저 '드로잉에서' 결정되어야 하고, 드로잉 이전이 아니라 이후에 존재할 것이다."[6]

6
James Corner, "Representation and Landscape: Drawing and Making in the Landscape Medium", p.245.

엄격히 말하자면, 조경 드로잉이 전적으로 미래 시간의 경관만을

그림 5
이상영, '콜라주', 가천대학교 공간디자인 기초실습 2, 2018

시각화하지는 않는다. 이미 존재하는 경관을 바탕으로 설계가의 비전에 따라 변경된 사항이 추가된 경우가 많다. 전자가 과거, 혹은 현재의 시간이라면, 후자는 미래의 시간이다. 말하자면, 하나의 드로잉 안에 이미 여러 시간대의 현실들이 혼성화되어 있는 셈이다. 1장에서 소개한 험프리 렙턴의 드로잉은 시간의 혼성화를 재치 있게 활용한 사례다. 덮개를 덮으면 대상지의 현재 모습이 보이고, 덮개를 젖히면 자신이 디자인한 경관, 즉 미래의 시간이 극적으로 펼쳐지도록 연출한 것이다. 여기서 덮개에서 벗어난 부분은 설계 전후에 변하지 않는, 다시 말해 현재의 시간이자 미래의 시간이기도 하다.

## 길들여지지 않은 눈

우리는 조경의 기초 소양으로 특정 드로잉 유형을 그리는 법을 배우고 익숙해지는 과정을 거쳐 전문가로 성장한다. 다양한 그래픽 소프트웨어를 이용하여 사실처럼 보이도록 하는 드로잉이 만연한 요즈음 드로잉의 혼성적 성격을 발견하기란 쉽지 않다. 플라노메트릭은 하나의 평면에 다양한 시점이 공존하는 복합 시점의 드로잉 방식이다. 단일 초점을 강요하는 드로잉 체계에서 플라노메트릭과 같은 혼성적 기법이 나타나기 힘들다.

오히려 그러한 시각화 실험은 전문가가 아니라 조경 드로잉 체계에 아직 익숙해지지 않은 신입생의 드로잉 작업에서 자주 발견된다. 이 드로잉은 여러 사진 재료와 색연필, 이쑤시개 등을 활용해 만든 콜라주로, 전반적으로 일점 투시도의 형식을 적용하여 목재 데크를 경계로 왼편에 생태 연못을 오른편에는 꽃이 핀 잔디밭을 시각화하고 있다(그림 5). 투시도 기법을 정교하게 적용하지는 않았지만, 경관을 이용하는 사람을 조립해 넣으면서 크게 어색하지 않게 자신이 상상하는 경관의 분위기를 시각화한다. 투시도 형식에 식물은 스케일을 왜곡한 평면의 형태로 그려 넣으면서 여러 시점을 하나의 드로잉에 혼성화하고 있다. 이외에도 한 물체를 여러 시점에서 바라본 모습, 말하자면 큐비스트의 시각을 적용한 드로잉이 있는가 하면, 공간을 우선 평면적으로 구획한 후에 경관의 구성 요소는 정면의 형태로 합성하는 플라노메트릭 기법도 발견된다(그림 6, 7).

위와 같은 드로잉은 조경 제도 체계 내에서는 잘못된 방식으로 간주될 것이다. 그렇지만 이러한 작업은 드로잉 유형이라는 관습에 채 얽매이기 이전에 조경학도가 조경 설계라는 행위를 어떻게 인식하고 있는지를 흥미롭게 보여주며, 경관을 시각화하는 대안적 방식도 알려준다. 이러한 시각화 실험은 드로잉 유형에 익숙해진 고학년의 작업에서는 잘 발견되지 않는다. 어쩌면 드로잉의 혼성화 기법은 드로잉 유형을 배워 타성에 젖은 내가 이제는 쉽게 돌아가지 못하는, 길들여지지 않은 눈으로 그려내는 상상성의 시각화 방식일지도 모르겠다.

**그림 6**
정지애, '콜라주', 가천대학교 공간디자인 기초실습 2, 2018

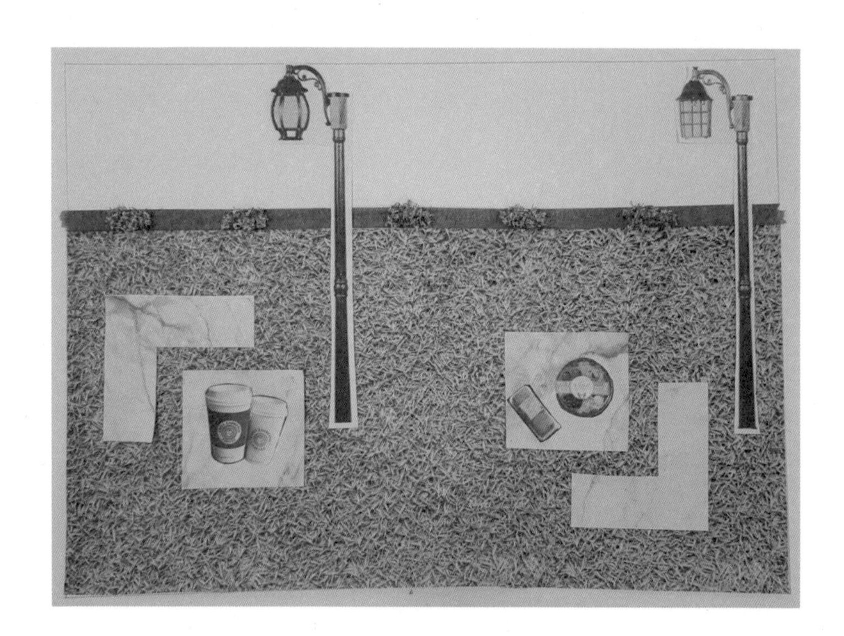

**그림 7**
김보미, '콜라주', 가천대학교 공간디자인 기초실습 2, 2018

- 3 -

# 측정하는 드로잉

조경 드로잉은 언제부터 그려졌을까. 먼저 조경 드로잉의 범위를 정할 필요가 있다. 정원, 공원, 자연을 그린 모든 그림을 조경 드로잉이라고 한다면 화가가 그린 풍경화도 여기에 속한다고 할 수 있겠지만, 그러한 이미지는 존재하는 경관을 모사한 그림일 뿐 조경 드로잉은 아니다. 조경 드로잉은 설계가가 경관을 설계하는 과정에서 생산한 경관과 관련된 이미지를 말한다. 초기 아이디어 구상 과정에서 빠른 속도로 그리는 스케치, 대상지를 분석하면서 생산하는 다이어그램, 공모전 출품을 위해 만든 컴퓨터 이미지, 공사를 위한 시공 도면, 조성 후에 자신의 작품을 다시 그린 이미지 등 설계 과정에서 만들어진 모든 시각화 작업물을 조경 드로잉으로 볼 수 있다.

그럼 언제부터 조경가가 설계 과정에서 이미지를 생산하기 시작했을까. 조경이라는 전문 분야가 만들어진 것이 19세기 중반 이후

이므로, 그 이전의 정원이나 공원을 설계한 전문가를 엄격히 말해 조경가라 부를 수는 없다. 그렇더라도 2장에서 소개한 바 있는 이집트 정원 그림을 염두에 둔다면, 우리가 조경이라고 부르는 작업의 역사는 인류 문명과 함께 시작되었다고 말해도 무방하다. 다만 이집트 정원 그림은 설계가가 그린 것인지 그 여부를 알 수 없기에 조경 드로잉이라 할 수는 없다. 조경 연구자들은 조경 드로잉, 즉 조경가가 경관 설계 과정에서 그린 드로잉이 16세기 이탈리아에서 시작됐

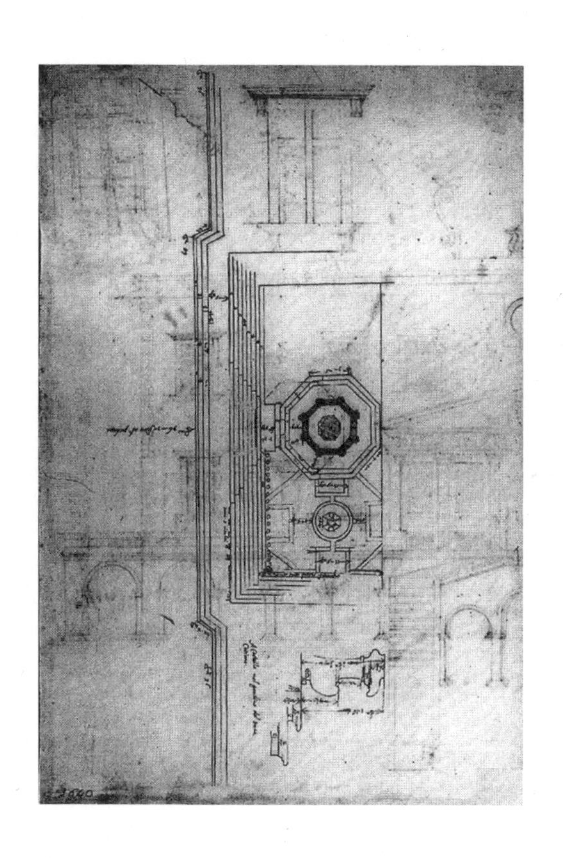

**그림 1**
Tribolo(attributed), Drawing of Garden Detail at Castello, c. 1520~1536

다고 추정한다. 이때의 드로잉은 당시 이탈리아 정원의 질서 정연함을 시각화하기 적합한 평면도 형식으로 그려졌다. 그것은 설계가의 머릿속에 디자인된 경관을 자로 측정해 표현한, 조경 드로잉의 두 가지 특성인 과학적 도구성과 예술적 상상성 중에서 전자의 특성이 강조된 시각화 방식이었다.

## 메디치 정원 드로잉

16세기 중엽에 조성된 이탈리아 메디치Medici 정원 중 하나인 빌라 디 카스텔로Villa di Castello의 정원 상세 평면도는 현존하는 최초의 정원 드로잉 중 하나로 여겨진다(그림 1). 이 드로잉은 정원을 설계한 니콜로 페리콜리Niccolò Pericoli(1500~1550), 트리볼로Tribolo라고도 불린 이탈리아 조각가이자 화가가 그렸다고 추정된다.[1]

설계가의 머릿속에 있는 정원을 그대로 평면도로 옮긴 듯한 이 드로잉에는 생울타리의 외곽선이 정교하게 직선으로 그려져 있다. 정원이 조성될 대상지는 평면에서 구획되고 그 내부에 식재가 가지런히 채워지게 된다. 빌라 카스텔로는 현재 남아 있는 이탈리아 정원 중 레온 바티스타 알베르티Leon Battista Alberti(1404~1472)의 조형 질서를 가장 충실하게 구현한다. 그러한 조형 질서는 화가 주스토 우텐스Giusto Utens(?~1609)의 그림에 자세히 묘사되어 있다(그림 2). 남북

1
Raffaella Fabiani Giannetto, *Medici Gardens: From Making to Design*, Philadelphia: University of Pennsylvania Press, 2008, pp.257~258.

방향의 직선 축이 화폭 중앙을 지배하고 축을 따라 건축물과 정원이 좌우 대칭으로 펼쳐지며, 격자형 길의 군데군데 분수대, 퍼걸러, 조각상 등이 놓여 있다.[2]

르네상스 미술가이자 미술사가인 조르조 바사리Giorgio Vasari(1511~1574)는 빌라 카스텔로의 정원에 방문하고 나서 "나무와 회양목 생울타리가 너무 정확하게 정렬되고 전지되어 있어, 예술가의 그림처럼 보인다"고 말한 바 있다.[3] 이러한 기하학적 패턴, 식물과 건축요소의 정확한 배치를 그려내는 데는 평면도라는 드로잉 유형이 적절했다. 메디치 정원은 메디치 가문의 후원으로 만들어졌기 때문에 당시 드로잉은 지형 스터디와 계획뿐 아니라 클라이언트인 군주에게 보여주는 커뮤니케이션 수단으로도 활용되었다.[4] 나아가 설계 드

2
빌라 카스텔로 정원 설계의 전반적 설명은 다음을 참조할 것. D. R. Edward Wright, "Some Medici Gardens of the Florentine Renaissance: An Essay in Post-Aesthetic Interpretation", in *The Italian Garden: Art, Design and Culture*, John Dixon Hunt, ed., Cambridge: Cambridge University Press, 1996, pp.34~59.

3
Georgio Vasari, "Niccolò, Called Tribolo", in *Lives of the Most Eminent Painters, Sculptors & Architects: Volume VII, Tribolo to Il Sodoma*, Gaston du C. De Vere, trans., London: Philip Lee Warner, Publisher to the Medici Society, 1914, p.17.

4
1번 책, p.150.

**그림 2**
Giusto Utens, Villa Medicea di Castello, 1599

그림 3
André Le Nôtre, Plan of the Grand Trianon Gardens, 1694

로잉은 "조경가의 작업을 보다 잘 통제할 수 있도록 연습하게 하고, 그리하여 보는 사람에게 감상자의 기교를 잘 드러낼 수 있는 도구"이기도 했다.[5] 하지만 빌라 카스텔로의 정원 상세 평면도는 완성도 있는 조경 드로잉이라고 보기에는 무리가 있다.

## 앙드레 르 노트르의 정원 드로잉

정원을 주제로 하면서 완성도 있는 드로잉을 남긴 최초의 조경가는 서양 조경 역사에서 늘 중요하게 언급되는 앙드레 르 노트르André Le Nôtre(1613~1700)다. 조경의 역사에서 17세기는 프랑스 정형식 정원의 시대라 불린다. 프랑스 정형식 정원은 앞의 이탈리아 정원처럼 축, 직선, 대칭 등의 조형 질서를 지녔고, 그러한 원리를 시각화하기에 적합한 투사 드로잉으로 그려졌다. 베르사유Versailles 궁전의 일부인 그랑 트리아농Grand Trianon을 공들여 묘사한 평면도는 당대 정원의 조형 원리를 그대로 구현한다(그림 3). 이 드로잉은 스웨덴 건축가 니코데무스 테신Nicodemus Tessin(1654~1728)의 요청으로 르 노트르가 자신의 설계 작품인 그랑 트리아농을 묘사한 것으로 추정된다.[6] 베르사유 궁전을 향하는 트리아농 정원은 베르사유 정원과 유사한 조형 질서로 구성되어 있다. 중앙 축을 중심으로 직선이 공간을 분할하고, 그 구획선 내부에 식물이 정돈되어 배치되며 주위로는 일정

5
1번 책, p.149.

6
다음의 책은 이 평면을 르 노트르가 손수 그린 것이라고 간주한다. Erik de Jong, Michel Lafaille and Christian Bertram, eds., *Landscapes of the Imagination: Designing the European Tradition of Garden and Landscape Architecture 1600–2000*, Rotterdam: NAi Publishers, 2008, p.50. 대체로 테신의 기록을 근거로 추정하고 있다. 1693년 말 테신이 파리 주재 문화 대사였던 다니엘 크론스트롬(Daniel Cronström)에게 편지를 보내 르 노트르에게 그랑 트리아농의 평면도를 얻고 싶다 했고, 1694년 3월 테신은 르 노트르가 평면도를 준비할 것이라는 답장을 받는다. 이후 9월 26일 테신은 크론스트롬에게 르 노트르의 평면도와 함께 동봉된 정원 설명을 받았다고 알렸고, 이러한 기록으로 미루어 그 드로잉을 르 노트르가 손수 그렸다고 짐작한다. 한편, 이보다 앞서 르 노트르 정원을 연구한 F. 해밀턴 헤이즐허스트(F. Hamilton Hazlehurst)는 르 노트르의 어린 조카 클로드 데스코츠(Claude Desgots)가 그렸다고 추정한 바 있다. 이 평면도에서 르 노트르의 필적이 확인됐고 그가 그랑 트리아농의 책임 설계자였지만, 드로잉 양식은 데스고츠와 유사하다는 것이다. F. Hamilton Hazelehurst, *Gardens of Illusion: The Genius of André Le Nostre*, Nashiville: Vanderbilt University Press, 1980, pp.158, 166, 375. 어떤 경우든 이 평면도는 르 노트르의 정원 설계의 특징을 잘 드러내고 있다. 르 노트르의 필체가 남아 있다는 사실은 그의 승인이 있었다는 것을 의미하며, 르 노트르는 당대 유명한 정원 설계가로 그의 조카를 포함해 여러 제자를 두어 영향력을 행사하고 있었다. 르 노트르가 실제 그린 드로잉의 특성과 추정 근거에 대한 보다 자세한 설명은 다음을 참조할 것. F. Hamilton Hazelehurst, *Gardens of Illusion*, pp.375~394.

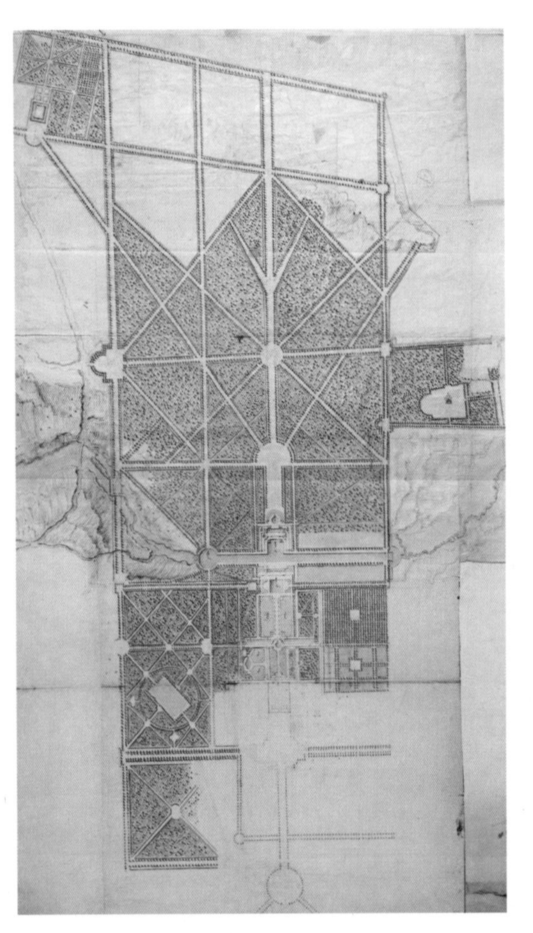

그림 4
André Le Nôtre, Plan of Vaux-le-Vicomte Gardens, 1660

그림 5
Aerial View of Vaux-le-Vicomte Gardens

한 간격으로 식재가 정렬되어 있다. 이 드로잉은 하나의 일러스트라고 봐도 손색없을 정도의 높은 완성도를 보여준다. 그래서 르 노트르와 그의 제자의 것을 비롯한 프랑스 정원 평면도는 하나의 예술 작품처럼 테신에게 수집되었다. 이러한 점에서 그랑 트리아농 평면도는 "최초의, 그리고 가장 유명한 … 드로잉이 자율적인 예술 작품으로 평가받은 사례"다.[7]

7
Erik de Jong, Michel Lafaille, Christian Bertram, *Landscapes of the Imagination*, p.50. 테신은 이 평면도를 부탁하기 전인 1687년에 이미 베르사유 궁전을 여러 차례 방문했고, 그중 두 차례는 르 노트르가 동행하여 자세한 설명을 해주었다. 테신은 트리아농의 정원과 분수에 관심이 있었고, 그에 관한 여러 스케치를 남겼다. Thomas Hedin, "Tessin in the Gardens of Versailles in 1687", *Konsthistorisk tidskrift/Journal of Art History 71(1~2)*, 2003, pp.47~60.

## 정확한 드로잉

그랑 트리아농보다 앞서 설계된 보 르 비콩트Vaux le Vicomte는 르 노트르 초기 정원 설계의 특징이 고스란히 담긴 걸작으로 평가받는다. 르 노트르가 그린 이 정원의 평면도는 중앙의 직선 축을 바탕으로 양편에 정원 공간이 기하학적 질서 안에 구획되어 있다(그림 4). 흥미로운 건 이 드로잉이 실제 보 르 비콩트를 포착한 위성 사진과 비교할 때 거의 유사할 정도의 형태적 정확성을 보여준다는 점이다(그림 5).[8] 당대의 최신 기술이었던 측량 및 광학기구 덕택에 정확하게 지형을 측정하고 드로잉하고 시공할 수 있었다.[9]

르 노트르는 위의 두 평면도뿐만 아니라, 현존하진 않지만 입단면도도 많이 그렸을 것이라 추측된다. 입단면도는 정형식 정원을 실제 공간에 정확하게 조성하는 데 중요한 드로잉 유형이었기 때문이다.

8
F. Hamilton Hazelehurst, *Gardens of Illusion*, p.19.

9
베르사유 궁전 조성에서 광학 도구를 이용한 측정과 측량에 관한 연구로는 다음을 참조할 것. Georges Farhat, "Optical Instrumenta[liza]tion and Modernity at Versailles: From Measuring the Earth to Leveling in French Seventeenth-Century Gardens", in *Technology and the Garden*, Michael G. Lee and Kenneth I. Helphand, eds., Washington, DC: Dumbarton Oaks Research Library and Collection, 2014, pp.25~52.

하지만 공사 중에 여러 사람의 손을 거치며 훼손되거나 폐기되었을 것이라 짐작되며,[10] 대신 당대의 다른 단면도가 남아 있다. 이처럼 르 노트르는 정형식 정원 설계를 위한 수단으로 평면도와 입단면도라는 투사 드로잉 유형을 이용했고, 그러한 관습은 공간의 기하학적 질서를 정확히 측정하고 시각화하는 데 적합했다. 마크 트라이브Mark Treib가 말하듯, 보 르 비콩트와 같은 프랑스 정형식 정원은 평면도로 잘 그려낼 수 있다. 정형식 정원은 "드로잉과 현실 공간 모두에서 기하학적 질서를 인식할 수 있는데, 평면도는 정원의 그러한 질서를 구현하고 정원은 그러한 질서를 대규모로 (현실 공간에) 볼륨감 있게 그려내고" 있는 것이다.[11]

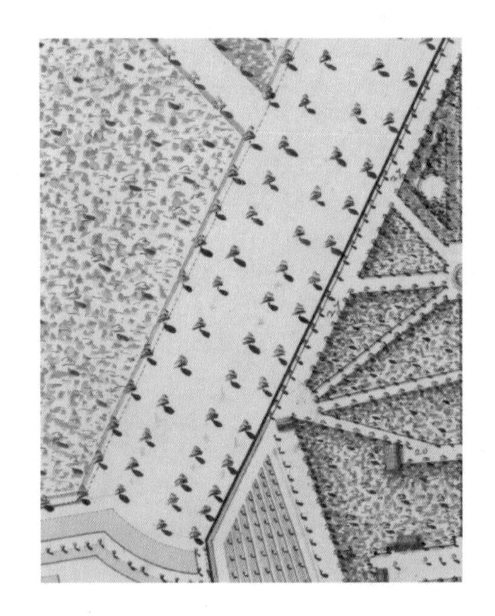

그림 6
André Le Nôtre, Plan of the Grand Trianon Gardens(부분 확대), 1694

10
F. Hamilton Hazelehurst, *Gardens of Illusion*, p.377.

11
Mark Treib, "On Plans", in *Representing Landscape Architecture*, Marc Treib, ed., London: Taylor & Francis, 2008, p.114.

## 르 노트르의 식재 시각화 방법

그랑 트리아농과 보 르 비콩트 평면도에서 나무는 어떻게 그려져 있을까. 르 노트르는 앞 장에서 설명한 플라노메트릭 기법을 이용했다. 평면도 안에서 식재를 입면 혹은 느슨한 투시도의 형식으로 그려 넣어, 두 드로잉 유형을 합성했다. 바꿔 말해 정원의 땅은 인간의 눈으로 관찰하기 힘든 시점으로, 식재를 비롯한 경물은 인간의 눈으로 직접 본 것처럼 그린 것이다.[12]

플라노메트릭은 제임스 코너의 해석대로 땅의 평면과 정면의 정체성을 동시에 고려하는 조경 설계 방식과 유사하다.[13] 두 평면도의 일부를 확대해보면, 나무가 기립해 정렬되어 있는 모습이 마치 그 정원을 눈높이에서 감상하고 있는 것처럼 느끼게 한다(그림 6). 나무 하나를 복사해 일정 간격으로 붙여 넣은 듯이 정렬된 나무와 그 그림자는 실재하지는 않지만 선의 환영illusion까지 불러일으킨다. 이러한 시각화 기법은 기하학적 질서로 구획된 대상지에 실제 나무를 심어가는 행위를 보여주는 것 같다. 이러한 점에서 르 노트르의 드로잉은 정확한 측정, 즉 과학적 도구성의 기능뿐 아니라 그 안을 가득 채우는 아름다운 식재 표현의 합성을 통해 예술적 상상성의 역할도 겸한다.

12
앨런 S. 웨이스는 17세기 프랑스 정원의 형이상학적 특성을 연구하면서 이러한 두 시점의 합성에 주목한 바 있다. 르 노트르의 정원과 드로잉은 엄격한 대칭과 비례를 보여주는 신고전주의 양식, 즉 평면도에 변형과 왜곡을 상징하는 바로크적인 것, 곧 아이소메트릭 혹은 투시도가 결합하고 있다. Allen S. Weiss, "Dematerialization and Iconoclasm: Baroque Azure", in *Unnatural Horizons: Paradox & Contradiction in Landscape Architecture*, Allen S. Weiss, ed., New York: Princeton Architectural Press, 1998, pp.44~63; Allen S. Weiss, *Mirrors of Infinity: The French Formal Garden and 17th-Century Metaphysics*, New York: Princeton Architectural Press, 1995, pp.32~51.

13
James Corner, "Representation and Landscape: Drawing and Making in the Landscape Medium," *Word & Image 8(3)*, 1992, p.255.

## 시공 드로잉

평면도나 단면도 같은 유형 외에도 경관을 정확하게 측정하기 위한 드로잉 테크닉이 있다. 대표적인 것이 땅의 높낮이를 표기하기 위한 등고선이다. 지형의 높고 낮음은 음영 처리를 해서 대강 나타낼 수 있었지만, 정확한 수치에 기반한 시각화는 등고선을 이용하면서부터 가능해졌다. 등고선은 평균 해수면에서 같은 높이의 지점을 연결해 만든, 실제로는 존재하지 않는 가상의 선이다. 적어도 19세기 중반 조경 평면도에는 등고선이 표시되어 그 규칙을 익힌 사람들은 평면도의 경관을 입체로 인식할 수 있게 되었다. 예를 들어, 1867년에 제작된 아돌프 알팡Adolphe Alphand(1817~1891)의 뷔트 쇼몽 공원Parc des Buttes Chaumont 평면도에는 등고선이 두 가지로 나뉘어, 대상지 지형 현황은 검은색으로, 변경하고자 하는 지형의 높낮이는 붉은색으로 그려져 있다(그림 7). 이와 같은 '측정하는 드로잉' 유형과 테크닉은 공사를 위한 시공 드로잉에 특히 유용했다. 18세기 영국의 정원가 윌리엄 켄트William Kent(1685~1748)의 클레어몽트Claremont 드로잉은 느슨한 투시도 형식으로 그려져 있다(그림 8). 여기에, 비록 정확한 수치를 적어 넣지 않았지만 마운드 조성을 위한 지형 변경 사항이 점선으로 첨가되어 입단면도의 역할도 수행한다.

오늘날 조경 설계 과정에서 만들어지는 시공 드로잉의 형식과 기능은 위에 설명한 드로잉들의 그것과 크게 다르지 않다. 설계 아이디어를 고스란히 공간에 조성하기 위해서는 수치에 기반해 작성되는 드로잉이 필요하다. 조경가의 기본적인 열망 중 하나는 공간의 성격에 부합하게 땅을 적절히 구획하고 변경하는 것이다. 조경가의 비전을 실제 공간에 옮겨내기 위해 시각화 과정이 필요했고, 이때 평면도, 입단면도, 등고선 등의 테크닉이 설계안을 정확하게 그려내는 충실한 과학적 도구로 활용된 것이다.

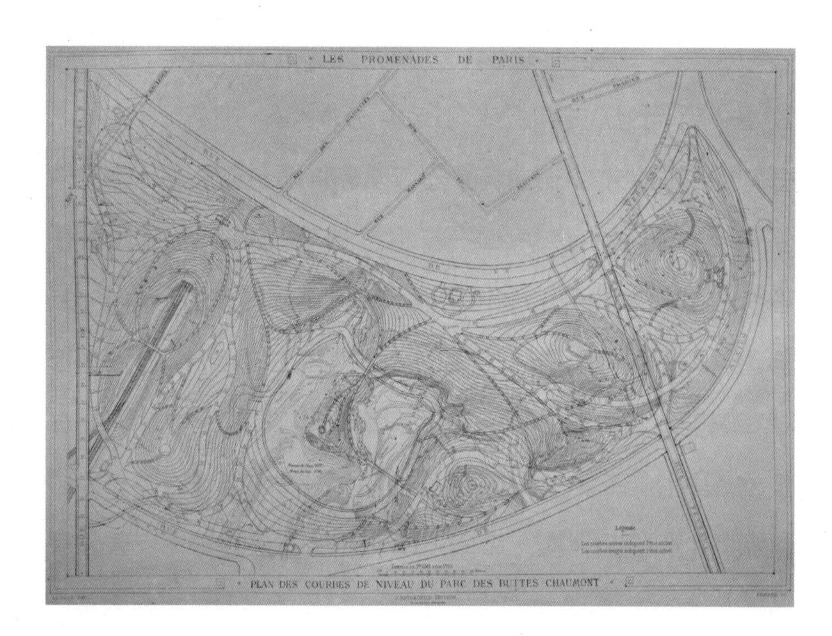


**그림 7**
Adolphe Alphand, Plan of Parc des Buttes-Chaumont, 1867~1873

**그림 8**
William Kent, Sketch for Landscape Adjustments, Claremont, Surrey, England, c. 1746

- 4 -

# 풍경을 그리는 드로잉

조경이 다루는 대상, 즉 랜드스케이프landscape는 우리말 경관으로 번역되기도 하지만, 일반적으로는 풍경이나 풍경화를 가리킨다. 그래서인지 공간을 디자인하는 조경의 인접 분야인 건축과 도시설계의 드로잉과 비교해보면 조경 드로잉은 녹색의 자연으로 가득한 풍경의 이미지를 중요시한다는 사실을 금방 알 수 있다(그림 1). 특히 설계공모 제출물 중 포토샵과 일러스트레이터 같은 그래픽 소프트웨어로 공들여 생산한 이미지에는 조경의 자연 애호biophilia 경향이 잘 드러난다. 설계가가 고안한 경관을 인간의 눈으로 바라본 것처럼 그려낸 이러한 이미지는, 풍경화의 형식과 대체로 유사해 조경 드로잉에 익숙하지 않은 누구라도 직관적으로 이해할 수 있는 효율적 커뮤니케이션 도구다.

이처럼 풍경화 형식으로 그려진 드로잉을 투시도라고 부른다. 물론 1장에서 말했듯, 선형 원근법에 기반한 투시도는 엄밀히 말해 평면도와 입단면도 같은 투사 드로잉 유형에 속한다. 다만 조경의 역사에서 투시도는 선형 원근법을 느슨하게 적용해 온 경향이 있고 이러한 드로잉 유형은 정원 설계의 양식과 직접적으로 관련되기도 했기에, 주요 드로잉 유형 중 하나로 다룰만하다. 18세기 영국에서 시작해 유럽 전역에 유행한 풍경화식 정원 설계에서 투시도는 주요한 드로잉 유형으로 등장했다.

그림 1
West8 · 이로재 외, 'Healing: The Future Park', 용산공원 설계 국제공모, 2012

## 하늘에서 지상으로

17세기까지 정원 설계에서 평면도와 입단면도가 주로 이용됐다면, 18세기 영국에서는 정원을 설계할 때 풍경화와 비슷한 스케치, 말하자면 투시도를 빈번히 이용하기 시작했다.[1] 전자가 과학적 도구성에 기반한 드로잉 유형이라면, 후자는 상대적으로 예술적 상상력이 강화된 시각화 방식이다. 물론 17세기에도 투시도는 경관을 시각화할 때 유행했다. 하지만 18세기에 이르러 바라보는 지점이 버드 아이 뷰, 즉 새의 시점에서 사람의 눈높이로 내려온다. 인간의 자연 경험을 시각화하기 위한 시도는 조경 드로잉뿐만 아니라 회화에서도 동시에 나타난 현상이었다.[2]

시점이 지상으로 내려오면서 풍경의 묘사가 보다 자유롭게 이루어졌다. 이러한 드로잉의 변화는 정원 설계의 변화를 고스란히 반영했다. 앞 장에서 살펴 본 프랑스 정형식 정원의 엄격한 기하학적 질서 대신에 이제 곡선serpentine line이 정원 조형의 원리가 되었다. 방문객은 곡선형의 길을 걸어가면서 식재나 점경물에 가려졌다 다시 나타나는 일련의 풍경 변화를 경험하게 됐다.[3] 몇몇 전망점은 풍경을 한 폭의 풍경화처럼 바라볼 수 있도록 구성되었기에 이 시기의 정원을 풍경화식 정원landscape garden이라고 부른다. 예를 들어 풍경화식 정원의 걸작이라 일컬어지는 스투어헤드Stourhead에는 17세기의 역사적 풍경화가 클로드 로랭Claude Lorrain(1600~1682)의 '아이네이아스

1
투시도는 건축 드로잉의 역사에서 20세기 초반까지도 평면도, 입단면도에 비해 열등한 것으로 여겨졌다. 건축사가 배형민은 20세기 초반까지도 아카데미에서는 투시도가 중요하지 않았고 실무에서 클라이언트를 설득하는 수단으로 주로 이용되었다고 본다(Hyung Min Pai, *The Portfolio and the Diagram: Architecture, Discourse, and Modernity in America*, Cambridge, MA: The MIT Press, 2002, p.29). 제임스 코너 역시 건축 드로잉에서 투시도가 평면도나 입단면도보다 열등하게 여겨졌다고 말한다. 전자가 건축의 이념을 표상하는 존재론적 드로잉으로 간주된 반면, 후자는 종이에 행하는 단순한 표현 정도로 여겨졌기 때문이다(James Corner, "Representation and Landscape: Drawing and Making in the Landscape Medium", *Word & Image: A Journal of Verbal/Visual Enquiry 8(3)*, 1992, p.255).

2
John Dixon Hunt, *Greater Perfections: The Practice of Garden Theory*, Philadelphia: University of Pennsylvania Press, 2000, p.42; John Dixon Hunt, *The Figure in the Landscape: Poetry, Painting, and Gardening during the Eighteenth Century*, Baltimore: The Johns Hopkins University Press, 1989, pp.201~204.

3
영국의 풍경화식 정원 설계에서 정원의 모델은 자연이었고, 곡선은 자연의 형태를 표현하는 언어로 간주되었다(William Hogarth, *The Analysis of Beauty*, Ronald Paulson, ed., New Haven: Yale University Press, 1997).

가 있는 델로스 섬의 풍경Landscape with Aeneas at Delos'의 구성과 유사한 풍경을 감상할 수 있는 전망점이 있다. 이러한 정원에서의 경험을 그려내는 데는 평면도나 입단면도보다 느슨한 투시도가 적합했던 것이다.

그림 2
William Kent, Proposal for landscape with lake and cascade house at Claremont, 1729~1738

## 윌리엄 켄트의 드로잉

윌리엄 켄트William Kent(1685~1748)의 드로잉은 그러한 당대의 드로잉 경향을 충실히 보여준다(그림 2). 이 드로잉은 클레어몬트Claremont 경관 개선을 제안한 그림으로, 중앙에 설계 대상인 호수와 캐스케이드 하우스를 묘사하고 있다. 잘 알려져 있듯이, 켄트는 정원 설계

그림 3
William Kent, Design for the Cascade, Chiswick, 1733~1736

가이면서 무대 연출, 건축, 회화, 가구 디자인 등 다양한 분야에 능수능란한 종합 예술인이었다. 그렇기에 그는 건축 평면도와 입단면도 등 정확한 투사와 회화적 묘사에도 두루 뛰어났다. 흥미로운 건 정원 설계에서는 주로 회화적 묘사에 기반한 느슨한 투시도 스케치를 남겼다는 사실이다.

이 드로잉은 전경에 인물을, 중경과 원경에 경관을 점점 후퇴하는 것처럼 보이도록 그리고 있어 전체적으로 풍경화 같은 구성을 취한다. 엄격한 선형 원근법을 이용하지 않고 느슨하게 원근을 표현해 설계될 공간의 분위기에 집중한다. 여기에 설계 내용인 캐스케이드를 중앙에 묘사하고 있다. 이 드로잉에는 오늘날 조경 설계에서도 이용되는 투시도 기법의 전형이 몇 가지 발견된다. 조경사가 존 딕슨 헌트John Dixon Hunt는 켄트의 드로잉 속 인물과 경관의 표현에 주목한다. 헌트에 따르면, 켄트는 인물을 경관을 바라보는 관객과 경관을 이용하는 배우로 나누어 설계될 경관의 이용을 보여준다. 그리고 경관은 그러한 사람들의 이벤트가 일어나는 무대로 표현한다.[4] 이렇게 사람과 경관을 시각화한 방식을 통해 켄트는 무대 배경을 3차원의 공간으로 해석하면서 무대 연출자로서의 장기를 발휘했다.[5]

4
John Dixon Hunt, *Gardens and the Picturesque: Studies in the History of Landscape Architecture*, Cambridge, MA: MIT Press, 1992, p.42.

5
Erik de Jong, Michel Lafaille, Christian Bertram, *Landscapes of the Imagination: Designing the European Tradition of Garden and Landscape Architecture 1600–2000*, Rotterdam: NAi Publishers, 2008, p.66.

## 켄트 드로잉의 혼성화

켄트의 드로잉에서 주목하는 건 여러 드로잉 유형의 혼성화 방식이다. 전반적으로는 느슨한 투시도 형식을 취하지만, 자세히 살펴보면 그 안에 정확한 시각화 방식인 입단면도가 합성되어 있다. 비록 중앙의 구조물은 정확한 수치에 기반하고 있지는 않아 보이지만 정면을 투사한 입면도 형식을 따랐고, 주위 경관은 느슨한 투시도 형식으로 풍경화의 밑그림처럼 표현했다. 합성의 흔적은 보이지 않지만 분명 켄트는 구조물과 경관을 서로 다르게 인식했고 그러한 인식의 차이가 드로잉으로 구현된 것으로 보인다. 말하자면 경관은 상상적으로, 구조물은 도구적으로 인식하고 그것을 하나의 드로잉 안에 이질감 없이 합성한 것이다. 이러한 합성 방식은 켄트의 다른 정원 드로잉에서도 빈번히 드러난다(그림 3). 앞 장에서 설명한 켄트의 클레어몬트 드로잉에서도 전반적으로 느슨한 투시도 안에 지형 변경 사항은 단면도 형식으로 처리됐다. 한편으로는 구조물이 중심을 차지하고 땅을 포함한 경관을 부차적으로 인식한 것은 아닌가 하는 의구심도 든다.

여러 드로잉 기법에 능숙했던 켄트가 정원 설계에서는 유독 회화적 묘사의 방식을 고집했던 이유는 무엇일까. 아무래도 풍경화식 정원의 특징인 곡선의 지형을 평면도와 입단면도의 투사 드로잉으로 그리기 힘들었기 때문일 것이다. 풍경화식 정원의 곡선형의 입

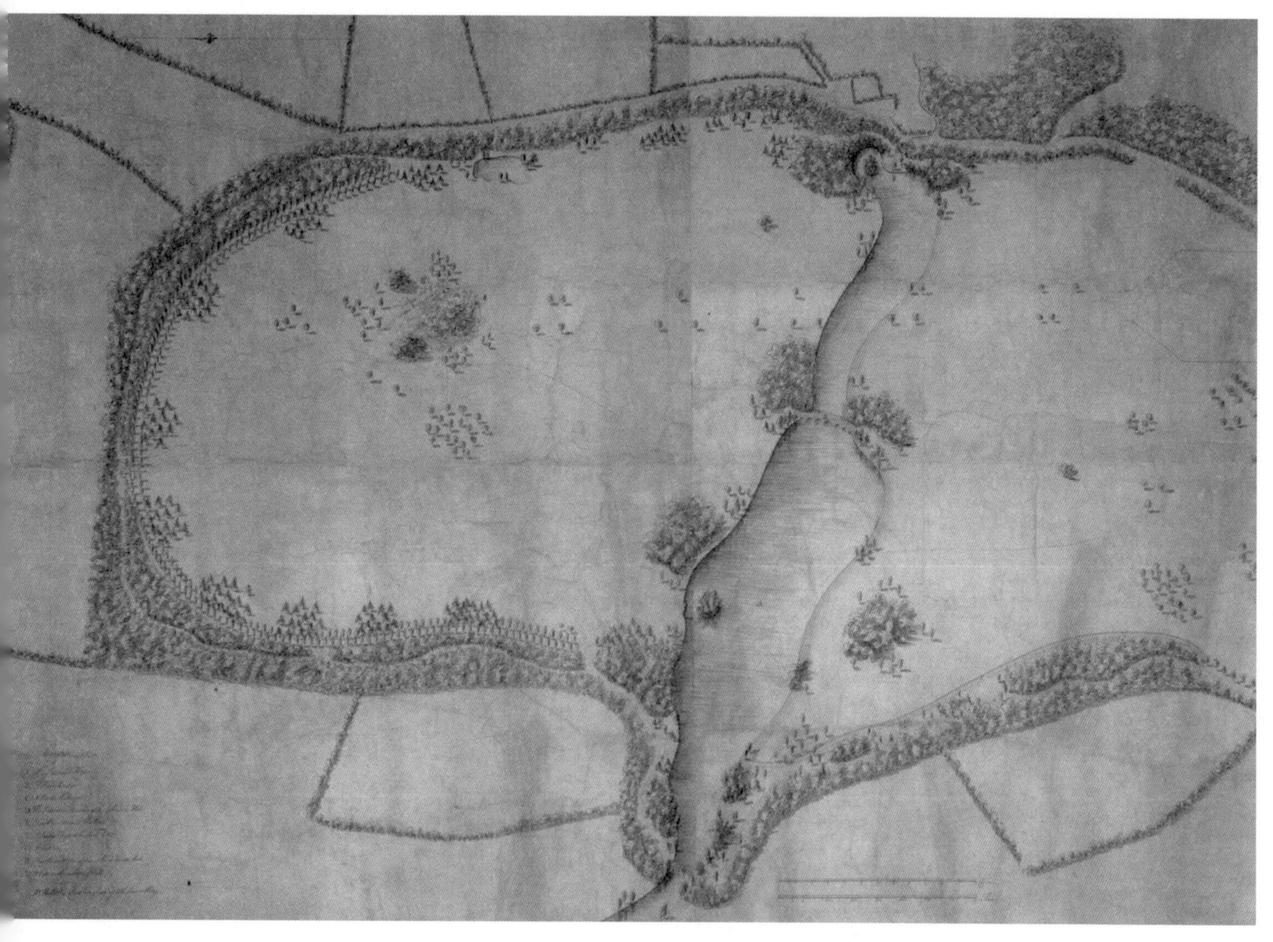

그림 4
Lancelot Brown, Design for the lakes and northern extension of the park at Wimpole, Cambridgeshire, 1767

체적 지형, 그리고 풍경화와 유사한 전망을 연출하는 정원을 설명하기에 적합한 드로잉은 투시도였다. 마크 트라이브의 말처럼, 앙드레 르 노트르의 보르 비 콩트가 평면도로 잘 표현될 수 있다면, 스투어헤드 지형의 고저는 3차원 경관을 2차원으로 시각화하는 평면도로 그리기 어려울 뿐더러 그러한 드로잉으로는 스투어헤드를 조성하기도 힘들다.[6]

6
Mark Treib, "On Plans", in *Representing Landscape Architecture*, Marc Treib, ed., London: Taylor & Francis, 2008, p.114.

## 랜슬럿 브라운의 평면도

물론 풍경화식 정원 설계에 투시도만 이용되지는 않았다. 평면도는 여전히 경관의 전반적 개요를 보여주는 역할을 담당했다. 랜슬럿 캐퍼빌리티 브라운Lancelot Capability Brown(1716~1783)은 평면도를 이용해 지형의 변경과 식재의 분포를 보여주곤 했다(그림 4). 이 드로잉은 윔폴 홀Wimpole Hall의 호수와 주변 초원 경관의 개선을 제안한다. 평면도라면 경관의 모든 요소를 정투영해야겠지만, 이 드로잉을 확대해 보면 식물 소재는 정면으로 그려 놓았다. 2장에서 설명한 플라노메트릭 기법, 즉 땅은 평면도로 표현하고 여기에 식물과 건축 요소는 정면의 모습을 그려 넣는 혼성적 기법을 활용한 것이다. 르 노트르가 그랬듯, 브라운도 플라노메트릭을 이용한 식재 방식을 보여주고 있다. 르 노트르가 한 치의 오차 없이 일정한 간격으로 식물 소

그림 5
Humphry Repton, Purley in Berkshire, 1793

재를 배열했다면, 브라운은 여러 종류의 식물을 모아 심는 군식의 방식을 보여준다. 동일한 기법으로 나무를 그렸지만 정원 양식에 따라 구체적인 식재 배열이 다른 양상으로 전개되고 있다.

## 험프리 렙턴의 레드북 드로잉

험프리 렙턴Humphry Repton(1752~1818)은 '레드북Red Books'이라는 스케치북을 만들어 설계 이전과 이후의 경관을 공들여 묘사했고, 이를 클라이언트를 설득하는 커뮤니케이션 수단으로 활용했다. 덮개를 덮었을 때는 현재의 상태가, 덮개를 열었을 때는 설계 이후의 모습이 보이도록 연출했는데(그림 5), 덮개의 흔적은 눈에 보이지 않게 감추어져 덮개를 열기 전과 후의 모습은 각각 한 폭의 풍경화처럼 보인다.

렙턴의 드로잉 가로세로 비율은 앞서 설명한 18세기 초중반의 것과는 다르다. 파노라마는 기존의 회화와는 다르게 가로로 긴 비율인데, 18세기 말 유럽에서는 이미 도시와 경관을 묘사하는 대중적 매체가 되어 있었다(그림 6). 렙턴은 파노라마 드로잉을 이용해 시각적 경관 경험의 특성을 보여준다. 이 드로잉(그림 7)은 사분의 삼 정도가 덮개에 가려지고 일부만 보여, 덮개를 넘기면 이것이 파노라마의 일부라는 사실을 알게 된다. 렙턴은 경관이 회화의 프레임에서 제한적으로 감상되는 것이 아니라 파노라마처럼 가로로 긴 시각장으로 경험된다는 사실을 보여주고 있다.[7]

7
André Rogger, *Landscapes of Taste: The Art of Humphry Repton's Red Books*, London: Routledge, 2007, pp.161~162.

렙턴의 드로잉에서는 혼성화 기법이 잘 발견되지 않는다. 앞서 살펴본 설계가들과 달리 렙턴은 투시도법을 강조한 스케치를 그렸고, 몇몇 평면도에서는 식재를 탑뷰로 그리기도 했으며, 지형 스터디 과정에는 그에 적절한 단면도 드로잉을 활용했다(그림 8). 이전 세대보다 과학적 도구성을 중요하게 여기는 과도기였던 것이다. 19세기 중반 옴스테드가 조경이라는 전문 분야를 확립한 시기, 곧 탑뷰가 플라노메트릭을 완벽히 대체하기 바로 직전 말이다.

그림 6
Robert Barker, A Panorama of London, 1792

그림 7
Humphry Repton, Sketches for Attingham in Shropshire, 1798

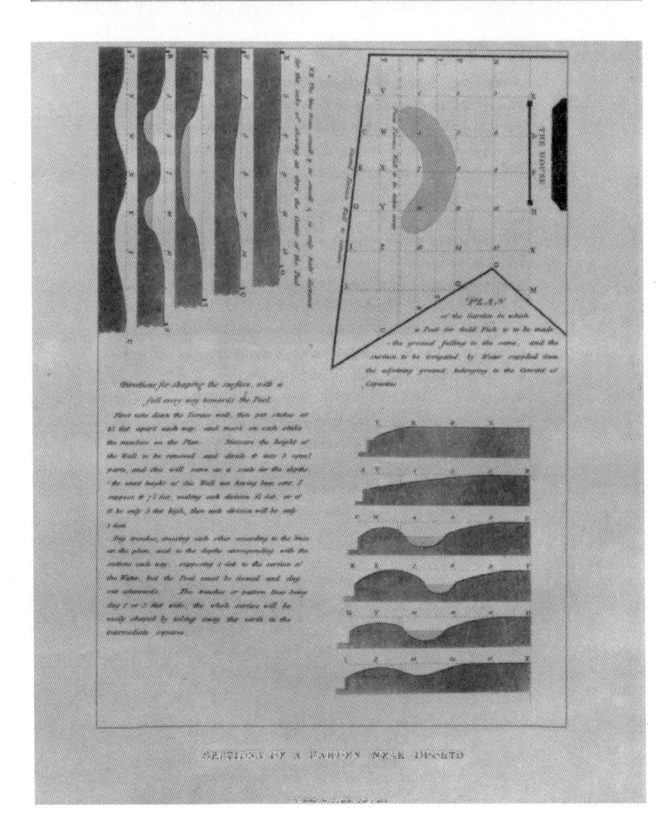


그림 8
Humphry Repton, Sections of a Garden near Oporto, 1816

- 5 -

# 첫 조경 드로잉

19세기 중반 미국에서는 조경과 관련된 큰 사건들이 일어났다. 우선 조경이라는 전문 분야가 확립됐다. 전문 분야를 가리키는 우리말 조경가·조경에 해당하는 영어 랜드스케이프 아키텍트·아키텍처landscape architect/ure가 만들어지고 분야의 정체성이 확립되었다.[1] 엄밀히 말해 첫 '조경' 드로잉이 그려진 시기다. 앞에서 다뤘던 대개의 드로잉 유형이 용도에 따라 전문화됐다. 공모전 드로잉으로는 대중과 의사소통하기 수월한 투시도가 중요하게 이용됐고, 공사를 위해서는 수치 정보가 정확히 기입된 평면도와 입단면도 같은 투사 드로잉이 사용됐다. 현재 조경 계획과 설계에 빈번하게 이용되는 기법인 경관 정보의 맵핑과 지도 중첩map overlay 방식도 이 시기에 처음 등장한다.

**그림 1**
Frederick Law Olmsted and Calvert Vaux, The Greensward Plan of Central Park, 1858

## 센트럴 파크 공모전 드로잉

우리가 공원이라 하면 가장 먼저 떠올리는 곳 중 하나인 센트럴 파크가 조성된 것도 바로 이 시기다. 1857년 개최된 뉴욕의 '센트럴 파크 설계공모전Plans for the Central Park'에서 프레더릭 로 옴스테드Frederick Law Olmsted(1822~1903)와 칼베르 보Calvert Vaux(1824~1895)의 출품작 '그린스워드Greensward' 계획이 채택되어 조성된다(그림 1). 서른 세 개의 출품작 중 가장 늦게 제출된 그린스워드는 가로 8피트, 세로 3피트에 달하는 마스터플랜과 이를 설명하는 열두 장의 일러스트레이션 보드(이 중 열한 장이 남아 있다), 설계 설명서로 구성되었다.[2]

옴스테드와 보의 드로잉을 보면 알 수 있듯이, 그들의 안은 이전

1
영어 landscape architect/ure의 기원과 전문 분야의 탄생 과정에 관한 연구는 다음을 참조할 것. Joseph Disponzio, "Landscape Architecture/ure: A Brief Account of Origins", *Studies in the History of Gardens & Designed Landscapes 34(3)*, 2014, pp.192~200; Charles Waldheim, "Landscape as Architecture", *Studies in the History of Gardens & Designed Landscapes 34(3)*, 2014, pp.187~191. 우리말 조경의 명칭과 전문 분야의 성립 과정에 관한 연구로는 다음을 참조할 것. 우성백, 「전문 분야로서 조경의 명칭과 정체성 연구」, 서울대학교 석사 학위 논문, 2017.

2
Morrison H. Heckscher, *Creating Central Park*, New York: The Metropolitan Museum of Art, 2008, p.26. 그린스워드 계획의 설계 설명서는 다음 책에 실려 있다. Charles E. Beveridge and David Schuyler, eds., *The Papers of Frederick Law Olmsted: Volume III, Creating Central Park 1857~1861*, Baltimore: The Johns Hopkins University Press, 1983, pp.117~187.

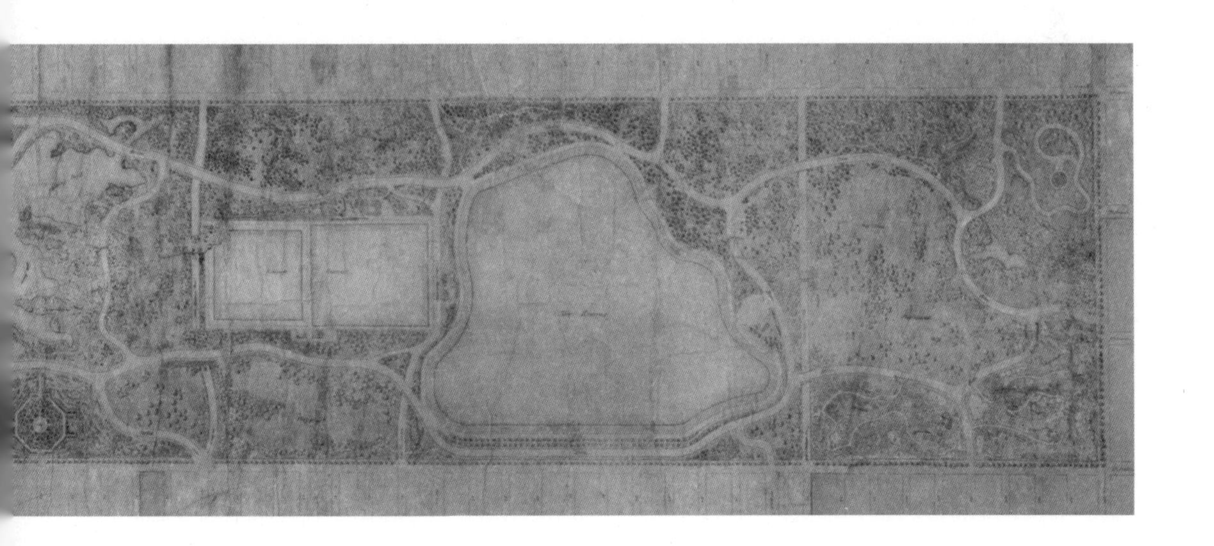

의 영국 풍경화식 정원 양식의 영향권에 있다. 마스터플랜에서 보이는 구불구불한 길과 잔디가 무성한greensward 지형은 풍경화식 정원을 연상시키며, 공원의 주요 전망점에서 바라볼 수 있는 풍경과 공원의 모습을 묘사한 투시도 드로잉은 옴스테드와 보가 그리는 센트럴 파크의 분위기를 잘 묘사하고 있다.[3]

그린스워드 계획의 마스터플랜은 다른 출품작과 마찬가지로 공모전의 지침에 따라 먹India ink을 이용해 세피아 톤으로 그려졌다. 단, 부지의 현재 모습과 설계 이후의 모습을 그린 아홉 쌍의 이미지 중 설계 이후를 보여주는 세 쌍의 이미지는 유화로 공들여 마무리되었다(그림 2, 3, 4).[4] 이러한 회화적 묘사 기법은 미국의 야생지wilderness 풍경을 화폭에 담은 당대의 허드슨 강 화파Hudson River School의 영향을 받은 것으로 보인다.[5]

흥미로운 점은 현존하는 그린스워드 계획 드로잉 중 마스터플랜과 다른 드로잉 한 장을 제외하고는 모두 투시도의 형식을 취한다는 사실이다. 예외인 한 장에서 위쪽 정원 아케이드 빌딩은 입면으로, 아래쪽 화원은 평면으로 그려졌다.[6] 이러한 요소는 공모 지침의 필수 요구 사항이었기 때문에 넣었던 것이며, 공모전 당선 이후 옴스테드와 보의 구체적 설계 과정에서는 자취를 감춘다. 짐작하자면, 옴스테드와 보는 센트럴 파크를 여러 장의 풍경으로 구성된, 말하자면 완벽히 그림 같은 공원으로 만들고 싶었던 것 같다.

3
옴스테드와 보의 그린스워드 계획은 풍경화식 정원의 영향을 받았지만, 조금 다른 미학을 추구했다. 18세기 초중반 영국에서 유행한 풍경화식 정원이 목가적 풍경을 지향했다면, 그린스워드 안은 목가적 풍경과 함께 미국의 거칠고 손대지 않은 야생지를 감상하는 자연 문화를 반영하기도 했다. 흔히 18세기에서 19세기 초까지의 영국의 정원을 뭉뚱그려 풍경화식 정원이라 부르고, 그러한 공원이 구현한 목가적 풍경을 픽처레스크 미학으로 설명하려는 경향이 있다. 그러나 엄격한 의미에서 픽처레스크는 18세기 말 영국의 아마추어 정원 이론가인 윌리엄 길핀(William Gilpin, 1724~1804), 유브데일 프라이스(Uvedale Price, 1747~1829), 리처드 페인 나이트(Richard Payne Knight, 1750~1824)가 정원 설계 방법에 대해 논쟁을 벌이면서 만들어낸 하나의 미학적 범주다. 그들은 당대에 지배적 미적 범주였던 미와 숭고의 중간에 위치하는 자연의 특징을 설명하기 위해 제3의 범주인 픽처레스크를 제시했다. 픽처레스크는 통제할 수 없는 자연의 숭고의 특징을 어느 정도 길들인 것으로, 대체로 자연의 "울퉁불퉁하고 거칠고 갑작스러운 변화"를 의미했다. 이러한 픽처레스크 미학 혹은 길들여진 숭고의 미학은 19세기에 미국으로 수용되어 초월주의 자연 문학과 허드슨 강 화파의 회화에 적용되면서, 야생 자연에서의 명상적 감상을 추구하는 초월적 숭고(transcendental sublime)로 변모하게 된다. 옴스테드와 보가 센트럴 파크에 만들어내고자 한 자연은 그러한 미국적 숭고의 미학이 반영된 자연이다. 국내 연구로 다음을 참조할 것. 이명준·배정한, "숭고의 개념에 기초한 포스트 인더스트리얼 공원의 미학적 해석", 『한국조경학회지』 40(4), 2012, pp.78~89.

4
그린스워드 계획이 혁신적이라 평가받은 이유는 공원을 가로지르는 도로를 공원 아래로 감추어 보이지 않게 하고 보행로 유형을 다양하고 유기적으로 디자인했기 때문이다. 공모전 출품작에 대한 설명으로 다음을 참조할 것. Charles E. Beveridge and Paul Rocheleau, *Frederick Law Olmsted: Designing the American Landscape*, New York: Rizzoli International Publications, 1995, pp.54~55; Sara Cedar Miller, *Central Park, an American Masterpiece: A Comprehensive History of the Nation's First Urban Park*, New York: Abrams, 2003, pp.81~88; Morrison H. Heckscher, *Creating Central Park*, pp.20~24.

5
옴스테드와 보는 센트럴 파크를 설계하고 조성할 때 허드슨 강 화파의 영향을 받았다. 예컨대 보의 아내 메리 멕엔티(Mary McEntee)의 형제는 허드슨 강 화파에 속하는 저비스 맥엔티(Jervis McEntee, 1828~1891)였고, 옴스테드와 보는 그에게 그린스워드의 설계 이전과 이후의 드로잉을 그리도록 부탁했다고 한다. 또한 옴스테드와 보는 허드슨 강 화파의 유명 화가인 프레데릭 처치(Frederic Edwin Church, 1826~1900)와도 친분이 있었다. 1871년 보의 제안에 따라 옴스테드는 처치를 센트럴 파크 공사 감독 위원으로 임명한 바 있다. Mark R. Stoll, *Inherit the Holy Mountain: Religion and the Rise of American Environmentalism*, New York: Oxford University Press, 2015, p.98.

6
Morrison H. Heckscher, *Creating Central Park*, p.54.

그림 2
Frederick Law Olmsted and Calvert Vaux, The Greensward Plan of Central Park, 1858

그림 3
Frederick Law Olmsted and Calvert Vaux, The Greensward Plan of Central Park, 1858

그림 4
Frederick Law Olmsted and Calvert Vaux, The Greensward Plan of Central Park, 1858

## 사진이라는 기계 드로잉

내가 그린스워드 계획 드로잉에서 주목하는 건 손이 아닌 기계 매체, 즉 사진이 드로잉에 등장한다는 사실이다. 사진은 당대 출현한 최신 테크놀로지였고, 그린스워드는 아마 사진을 조경 드로잉으로 가장 먼저 활용한 사례 중 하나일 것이다. 대상지의 현재와 조성 이후를 나타낸 두 쌍의 드로잉(그림 3, 4)에서 현재 모습은 사진으로 처리됐다. 이 사진들은 미국의 유명한 초기 사진작가 매튜 브래디 Mathew Brady(1822~1896)의 것으로 추정된다.[7]

7
같은 책, pp.32~33.

그림 5
Roger Fenton, Zoological Gardens, Regent's Park, 1858

사진은 다른 어느 시각화 매체보다 현실의 대상을 직접적으로 지시하는 지표index, 즉 현실을 증거하는 강력한 힘을 지니고 있다. 그림에 그려진 것은 세상에 존재할 수도 그렇지 않을 수도 있고, 실제로는 그렇게 생기지 않을 수도 있다. 반면 사진에 찍힌 대상은 (사진이 조작되지 않았다면) 언젠가는 카메라 렌즈 앞에 분명히 존재했을 것이며, 그 대상이 사진에 나타난 이미지와 똑같이 생겼을 거라고 믿게 하는 힘이 있다. 이러한 사진의 증거 능력을 옴스테드와 보는 영리하게 활용했다. 그림 3과 그림 4에는 각각 세 이미지를 배열했다. 맨 위에는 마스터플랜을 범례 형식으로 작게 축소하여 목판화로 찍어냈고, 중간에는 대상지의 현황을 포착한 사진이 큰 비중을 차지하며, 맨 아래에는 이곳이 공원으로 조성되면 어떠한 모습이 될 것인지를 보여주는 유화가 실렸다. 사진과 유화는 투시도 형식에 기반하고 각각 사각형과 반 타원형 형태로, 마치 세상을 바라보는 창처럼 테두리가 장식되어 있다. 여기서 사진이라는 시각화 테크놀로지는 대상지를 있는 그대로 포착하는 도구성의 수단으로 활용되어 부지를 현장감 있게 보여주고 있다.

## 새로운 테크놀로지, 이전의 테크닉을 모방하다

현실을 포착한 흑백 사진을 설계 이후의 모습을 채색해 표현한 그림과 대조하는 방식이 흥미롭다. 이러한 병치 방법은 앞 장에서 살펴본 험프리 렙턴의 드로잉 테크닉과 유사하다. 렙턴이 한 장의 화폭에 대상지의 설계 이전과 이후 시간대를 손수 채색했다면, 옴스테드는 설계 이전의 모습을 사진이라는 기계 이미지로 대체했다. 대상지 사진 한 장이 단독으로 제시될 때 현재 상태를 사실적으로 보여주는 기능만을 담당하지만, 설계 이후의 모습을 그린 화려한 유화와 병치되면 다른 역할이 추가된다. 흑백 사진은 형형색색의 유화를 보조하는 기능, 바꿔 말하면 옴스테드와 보의 설계안을 시각적으로 돋보이게 한다. 사진의 크기가 유화 이미지보다 훨씬 커서 (짐작하자면, 초기 사진의 포맷일 것이다) 감상자의 눈을 먼저 사로잡는 건 정돈되지 않은 상태의 대상지 모습이지만, 이내 그 시선은 공들여 채색된 유화, 즉 옴스테드와 보의 센트럴 파크의 비전으로 옮겨간다.[8]

이처럼 사진이 조경 드로잉에 처음 등장했을 때는 주로 대상지를 사실적으로 포착하는 현장 조사 도구의 역할을 수행했다. 옴스테드는 센트럴 파크 공모 당선 다음 해인 1859년에 유럽 답사를 떠난다. 답사 후 센트럴 파크 위원회에 보낸 서신에 그는 여행 중에 여러 도면, 문건, 책과 함께 사진을 구입했다고 적었다.[9] 답사 중 옴스테드는 영국에서 유명한 초기 사진작가 로저 펜튼Roger Fenton(1819~1869)을 고용해 런던의 리젠트 공원Regent's Park의 사진을 찍게 한 바 있고, 이후 48장의 리젠트 공원 사진을 받기도 했다(그림 5).[10] 이러한 공원 사

8
이러한 설계 이전과 이후의 이미지를 병치하는 방식은 이후에도 계속된다. 20세기 초에는 이제 설계 이후의 이미지마저 사진으로 대체된다. 티모시 데이비스에 따르면, 이 시기 경관 개혁가(landscape reformer)는 브롱크스 강 파크웨이(Bronx River Parkway)를 비롯한 그들의 프로젝트를 정당화하기 위해 설계 이전과 이후의 사진을 대조해 보여줬다고 한다. Timothy Davis, "The Bronx River Parkway and Photography as an Instrument of Landscape Reform", *Studies in the History of Gardens & Designed Landscapes 27(2)*, 2007, pp.113~141.

9
Charles E. Beveridge and David Schuyler, eds., *The Papers of Frederick Law Olmsted: Volume III*, p.235.

10
같은 책, p.242.

11
Morrison H. Heckscher, *Creating Central Park*, p.39.

12
사진을 현실의 사실적 기록 수단으로 이용한 것은 건축에서도 일어난 현상이다. 배형민에 따르면, 건축 사진은 1880년대 말에 널리 이용되기 시작했고 이때 사진은 도면을 모방하는 기능, 곧 측정 드로잉의 역할을 했다. Hyung Min Pai, *The Portfolio and the Diagram: Architecture, Discourse, and Modernity in America*, Cambridge, MA: The MIT Press, 2002, p.30.

진은 센트럴 파크를 조성할 때 사례 사진으로 기능했을 것이다. 또한 센트럴 파크 조성 과정을 담은 센트럴 파크 위원회 연간 보고서를 보면, 사진이 석판 인쇄물lithograph을 대신해 공원의 현황을 보여주고 있다는 사실을 알 수 있다.[11] 이처럼 초기 사진은 대상지를 있는 그대로 기록하는 수단이었다. 손 드로잉이 했던 기능을 조금 더 쉽고 정확하게 하는 도구, 즉 정확한 드로잉으로 기능했던 셈이다.[12]

흥미로운 사실은 초기 사진작가들은 사진의 구성과 표현을 이전

그림 6
Frederick Law Olmsted, Calvert Vaux, and W. H. Grant, Map Showing the Original Topography of the Site of the Central Park with a Diagram of the Roads and Walks Now Under Construction, 1859

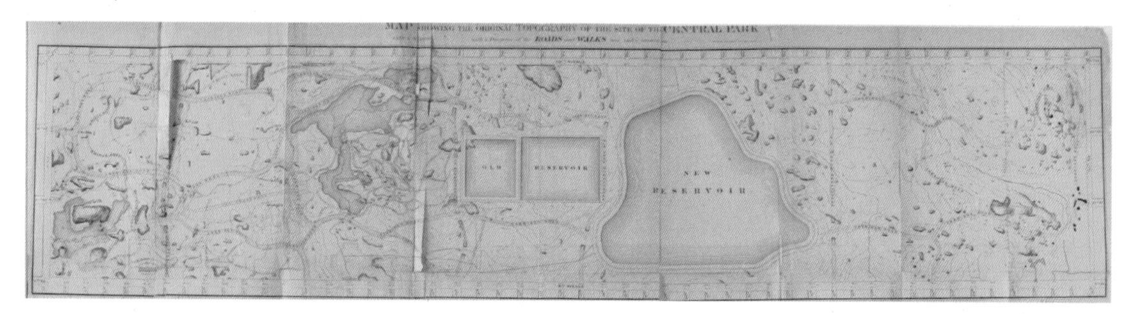


그림 7
Frederick Law Olmsted, Calvert Vaux, and W. H. Grant, Profiles of the Central Park, 1860

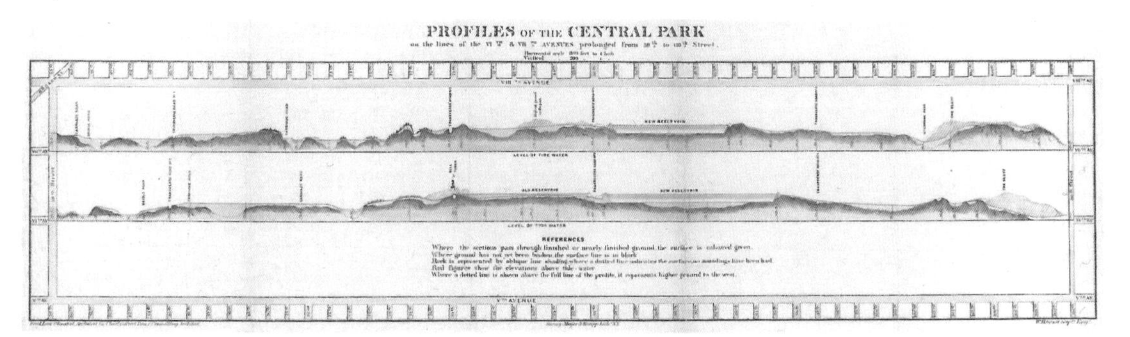

의 회화와 경관 묘사에서 빌려왔다는 점이다.[13] 예를 들어, 영국의 초기 사진작가들은 토마스 게인즈버러Thomas Gainsborough(1727~1788), 윌리엄 터너William Turner(1775~1851), 존 컨스터블John Constable(1776~1837)의 풍경화나 18세기 말부터 출간되어 인기를 끈 영국의 여행기와 가이드북, 특히 정원 이론가인 윌리엄 길핀William Gilpin(1724~1804)이 제안한 픽처레스크 풍경 묘사 방식을 차용했다.[14] 사진이라는 당대의 최신 테크놀로지가 이전의 시각 문화 테크닉을 모방한 것이다.

13
James S. Ackerman, "The Photographic Picturesque", in *Composite Landscapes: Photomontage and Landscape Architecture*, Charles Waldheim and Andrea Hansen, eds., Ostfildern: Hatje Cantz, 2014, pp.36~53.

14
윌리엄 길핀의 픽처레스크 공식은 클로드 로랭(Claude Lorrain)과 살바토르 로사(Salvator Rosa)를 비롯한 17세기 화가의 영향을 받아 형성된 것이다. James S. Ackerman, "The Photographic Picturesque", p.42.

## 비로소, 첫 조경 드로잉

이 시기의 드로잉을 첫 조경 드로잉이라고 말할 수 있는 이유는 조경이라는 전문 분야가 이때 나타났기 때문만은 아니다. 지금 조경 설계에 이용되는 거의 모든 드로잉 테크닉이 이 시기에 이용됐기 때문이다. 다양한 드로잉 테크닉은 각자 맡은 기능을 점차 강화하여 전문화되고 용도에 따라 적재적소에 쓰였다. 앞서 살펴본 센트럴 파크 공모전 드로잉에는 다이어그램을 제외한 마스터플랜과 투시도가 포함되어 있었고, 공모전 드로잉이라는 본연의 기능에 충실하게 대중이 쉽게 인식할 수 있도록 회화처럼 그려졌다. 공사를 위해서는 평면도와 입단면도를 이용하되 수치에 기반한 정확성을 추구했다. 일례로 1859년 센트럴 파크 위원회의 두 번째 연간 보고서에 수록된 평면도(그림 6)에서 공모전의 마스터플랜에서 보였던 식재의 질감과 지형의 음영 표현 등 회화적 묘사를 제거했다. 그 대신 지형의 높낮이를 정확히 그려내는 규칙인 등고선을 포함했다. 대상지의 원 지형을 10피트 간격의 붉은색 등고선으로 나타내고, 아직 조성되지 않은 공원 안의 동선은 점선으로 그렸다.[15] 이외에도 센트럴파크의 극적인 지형과 변경 계획을 보여주기 위해 단면도를 이용하기도 했다(그림 7).

19세기 후반에는 경관 정보를 여러 지도로 만들어 중첩해보는 테크닉, 즉 지도 중첩법이 조경 설계에 이용됐다고 전해진다. 옴스테드의 회사Olmsted, Olmsted and Eliot에서 조경가 찰스 엘리엇Charles Eliot(1859~1897)과 워렌 매닝Warren Manning(1869~1938) 등은 보스턴 메트

15
Morrison H. Heckscher, *Creating Central Park*, pp.39~40.

그림 8
Frederick Law Olmsted and Calvert Vaux, The Greensward Plan of Central Park, 1858

그림 9
Frederick Law Olmsted, U. S. Capitol Grounds Plan, 1875

로폴리탄 파크 시스템Boston Metropolitan Park System의 지질, 지형, 식생 드로잉을 회사 건물의 창문으로 들어온 태양광에 비쳐 중첩해 보면서 설계에 이용했다고 한다.[16]

19세기 중후반 조경이 도시를 디자인하는 전문 분야로 시작되었을 때, 큰 대상지의 복잡하고 다양한 정보를 정확하게 시각화할 수 있는 도구적 시각화 기법이 필요해졌고, 등고선과 지도 중첩법 등 도구성이 강화된 새로운 테크닉이 발명됐다. 나무를 그리는 방식도 변했다. 정확성을 추구하는 평면도에서 식재의 정면을 회화처럼 그려내는 플라노메트릭 기법은 잘못된 드로잉 방식으로 간주됐으며, 나무는 동그라미 형태로 그려졌다(그림 8, 9). 센트럴 파크의 어느 평면도에서도 플라노메트릭은 발견되지 않는다. 플라노메트릭이 탑뷰로 완벽히 대체됐다. 이제 식재는 건축물 및 지형과 동등한 개체로 인식되어 평면도에 환원되고 만다. 평면과 정면을 동시에 보여주면서 입체적으로 상상되던 조경 드로잉이 자취를 감춘 것이다.

16
Frederick Steiner, "Revealing the Genius of the Place: Methods and Techniques for Ecological Planning", in *To Heal the Earth: Selected Writings of Ian L. McHarg*, Ian L. McHarg and Frederick Steiner, eds., Washington, DC: Island Press, 1998, pp.203~204. 지도 중첩법이 글로 설명된 최초의 사례는 엘리엇의 아버지 찰스 윌리엄 엘리엇(Charles William Elliot, 1834~1926)이 아들의 사후에 아들의 작업에 대해 해설한 1902년의 저서라고 알려져 있다. Charles William Eliot, *Charles Eliot, Landscape Architect*, Boston: Houghton Mifflin, 1902.

- 6 -

# 설계 전략 그리기

설계할 때 가장 먼저 그리게 되는 드로잉 유형은 아마도 다이어그램일 것이다. 설계가는 대상지의 여러 정보를 고려하며 설계 아이디어를 간단히 그려본다. 대상지의 자연, 문화, 역사, 경제, 사회를 포함하는 다양한 현황을 지도 위에 표시해보며 대상지를 충분히 이해하고, 부지의 바람직한 이용 방법을 합리적이면서도 창의적으로 상상하고 표현한다. 이러한 상상은 점차 진화하고 구체화되어 평면도나 입단면도, 투시도 형식으로 그려진다.

다이어그램은 사전적으로 "어떤 것의 겉모습, 구조 혹은 작동 방식을 보여주는 단순화된 드로잉, 즉 도식schematic representation" 또는 "그래픽 형식으로 무언가를 그리는 행위"를 뜻한다.[1] 이러한 의미에서 보면 간단한 평면도나 입단면도, 투시도도 다이어그램에 포함된다. 하지만 조경 설계에서 다이어그램은 경직된 하나의 유형이라기

1
https://en.oxforddictionaries.com/definition/diagram

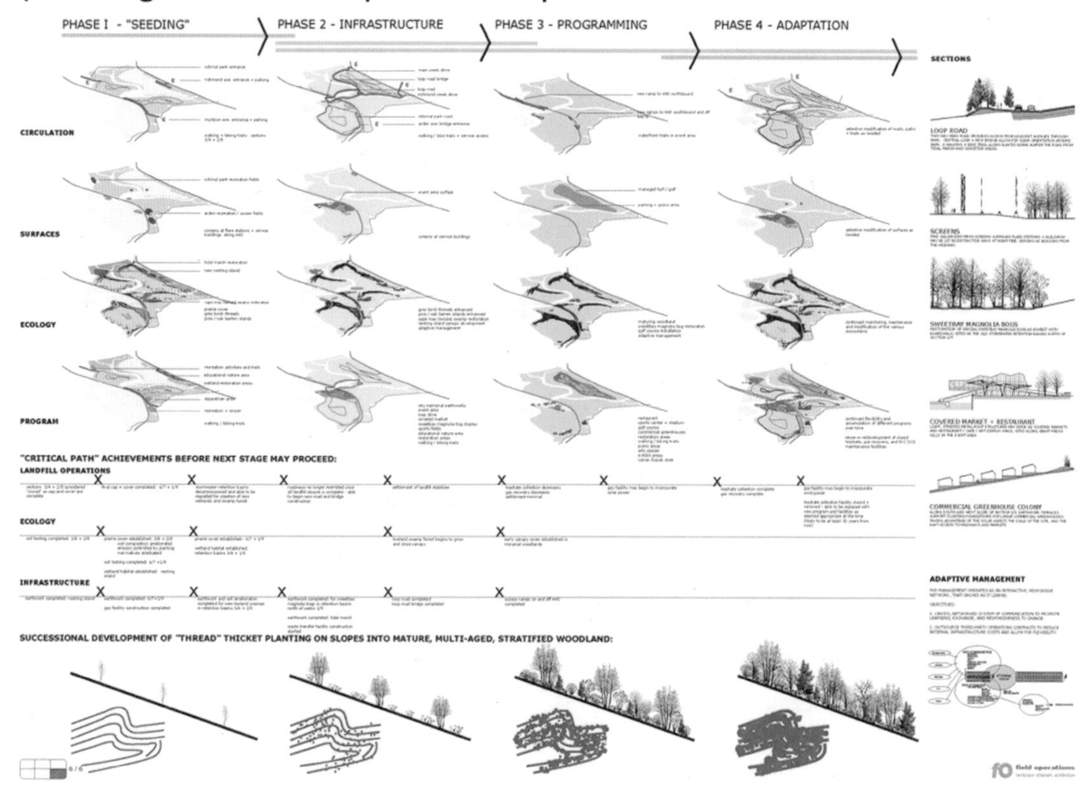


그림 1
James Corner/Field Operations, Lifescape, 2005

보다 평면도, 입단면도, 투시도로 표현하기 힘든 요소를 도식화한 것을 광범위하게 의미하는 경우가 많다. 예를 들어 보이지 않는 경관 요소, 움직임, 생태와 문화 프로그램, 그러한 요소 간의 관계, 시간에 따른 변화 등의 설계 전략을 시각화한 것을 다이어그램이라고 부른다(그림 1). 그러므로 다른 드로잉 유형과 달리 다이어그램은 경

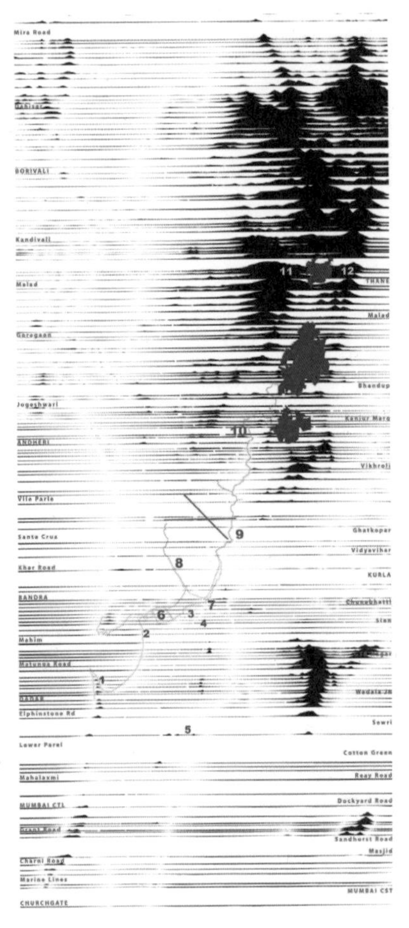


그림 2
Anuradha Mathur and Dilip da Cunha,
Soak: Mumbai in an Estuary, 2009

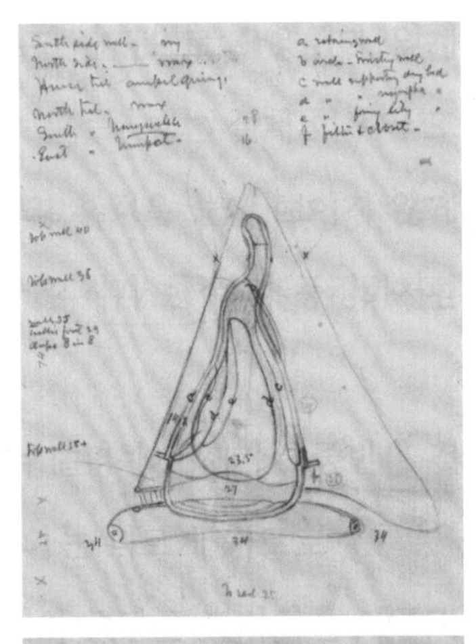

그림 3
Frederick Law Olmsted, Design Diagrams for U.S. Capitol

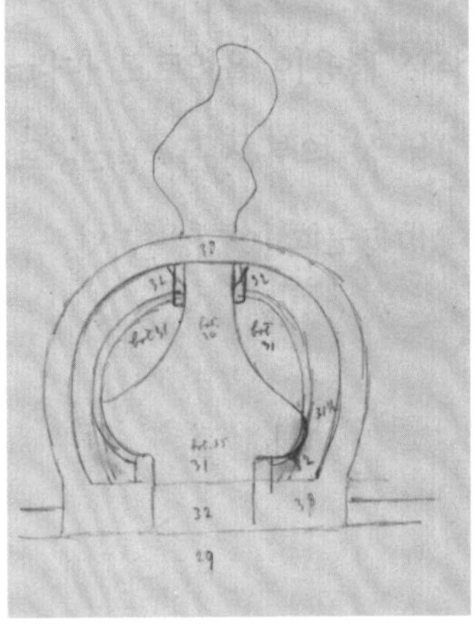

그림 4
Frederick Law Olmsted, Design Diagrams for U.S. Capitol

관의 겉모습과 반드시 닮아야 함을 전제하지 않는다. 설계안의 논리를 그림으로 스토리텔링하는 것이 다이어그램의 주된 임무다.

다이어그램과 유사해 종종 혼용되는 드로잉 유형으로는 맵핑

mapping이 있다. 맵핑은 말 그대로 지도를 만드는 것 혹은 설계를 위해 새로 만든 지도를 의미한다.[2] 맵핑은 여러 경관 정보를 지도 형식으로 단순하게 나타낸 도식이라는 점에서 다이어그램에 포함된다(그림 2). 조경 설계에서 맵핑이라는 용어를 다이어그램만큼이나 자주 사용하는 이유는 조경에 땅을 다루는 작업이 많이 포함되기 때문일 것이다. 조경적인 다이어그램이 곧 맵핑인 셈이다. 어쩌면 조경 설계는 새로운 지도를 만들어내는 작업일지도 모르겠다.

2
나디아 아모로소는 드로잉 유형을 분류할 때 다이어그램과 맵핑을 한 범주로 본다. Nadia Amoroso, "Representations of the Landscapes via the Digital: Drawing Types", in *Representing Landscapes: Digital*, Nadia Amoroso, ed., London: Routledge, 2015, pp.4~5. 또한 안드레아 한센은 "지도는 광범위한 의미에서 다이어그램의 유의어"이며 두 유형이 "복잡한 것을 명확히 하려는 의도로 추상화하거나 단순화하여 시각화한다는 점에서 유사성을 지닌다"고 말하면서, 두 범주를 분리하기보다 혼용할 필요가 있다고 주장한다. Andrea Hansen, "Datascapes: Maps and Diagrams as Landscape Agents," in *Representing Landscapes: Digital*, p.29. 배정한은 다이어그램의 형식적 유형의 하나로 맵핑을 포함시키며, 조경진은 다이어그램이 대체로 장소와 관련이 있거나 없을 수도 있지만 맵핑은 구체적 장소와 반드시 관련된다고 본다. 배정한, "현대 조경설계의 전략적 매체로서 다이어그램에 관한 연구", 『한국조경학회지』 34(2), 2006, p.102; 조경진, "환경설계방법으로서의 맵핑에 관한 연구", 『공공디자인학연구』 1(2), 2006, pp.77~78. 장용순은 건축 다이어그램을 보이지 않는 것과 복잡한 관계를 사고하는 도구라고 보며, 현대적 다이어그램 유형을 세 가지로 분류한다. 첫째는 네트워크, 동선, 인프라를 보여주는 연결적 다이어그램, 둘째는 조닝과 프로그램 배치를 보여주는 집합론적 다이어그램, 셋째는 공간 데이터를 시각화한 데이터스케이프 혹은 시간에 따른 변화와 잠재성을 보여주는 변이적 다이어그램이다. 또한 이러한 현대적 다이어그램 이전에는 구상적 다이어그램이 있었다고 하면서, 여기에 평면도, 단면도, 입면도, 투시도를 포함시키고 있다. 장용순, 『현대 건축의 철학적 모험: 01 위상학』, 미메시스, 2010, pp.117~145.

## 미국 모더니스트의 다이어그램

조경 다이어그램과 맵핑을 광범위하게 생각한다면, 그 시작은 드로잉의 역사와 함께한다고 할 수 있다. 앞에서 다룬 켄트의 드로잉, 즉 투시도 형식에 마운드 조성을 위한 지형 변경 사항을 점선으로 그려 넣은 드로잉이나 렙턴이 그린 입단면도는 오늘날의 다이어그램과 닮은 구석이 있다. 옴스테드도 조경 설계를 위해 다이어그램을 남겼다(그림 3과 4).

하지만 본격적으로 다이어그램이 등장한 때는 20세기 초반 미국의 모더니스트, 즉 개럿 엑보Garrett Eckbo(1910~2000), 제임스 로즈James C. Rose(1913~1991), 댄 카일리Dan Kiley(1912~2004)의 드로잉에서였다. 이들은 클라이언트를 비롯한 다른 누군가에게 설계 전략을 보여주기 위

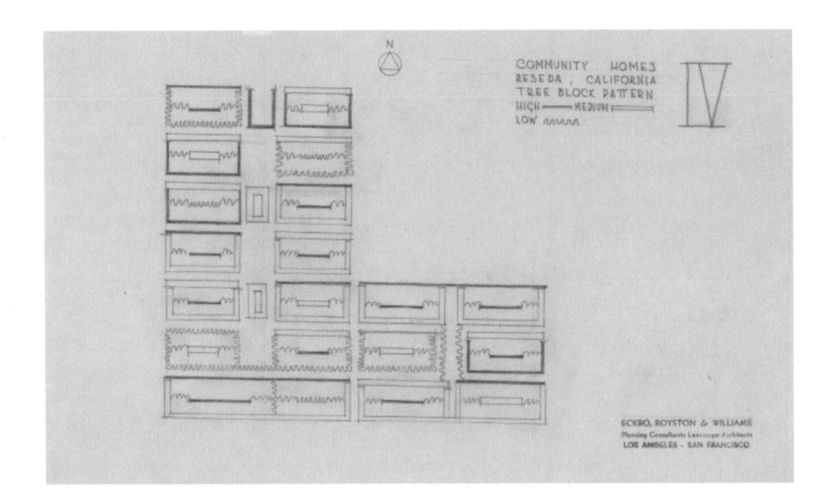


그림 5
Garrett Eckbo, Community Homes, Reseda, San Fernando Valley, 1948

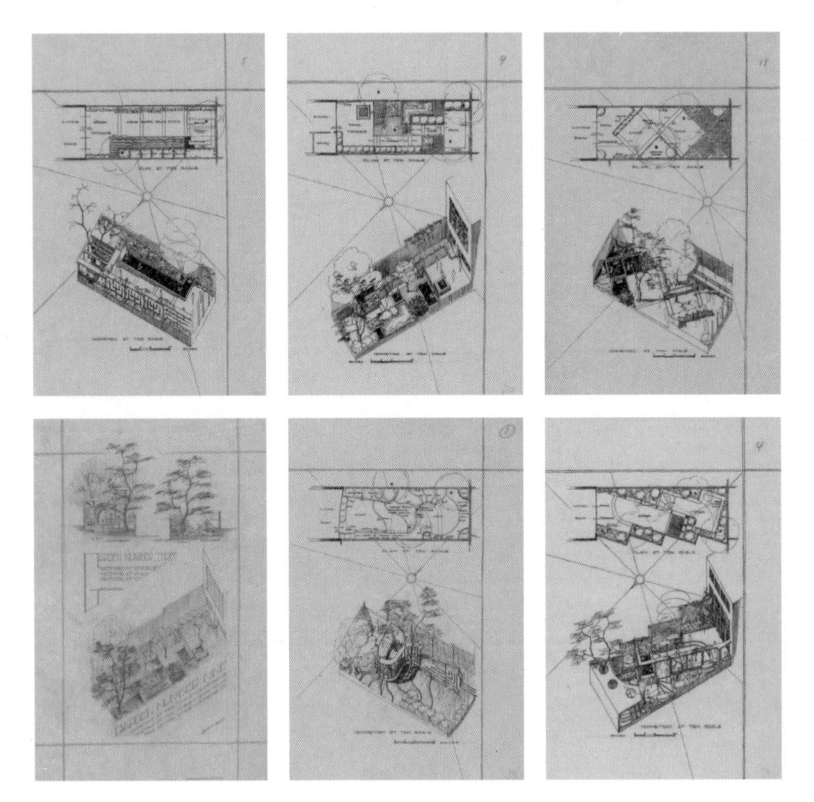

그림 6
Garrett Eckbo, Small Gardens in the City–Plan and Isometric View, 1937

해 다이어그램을 공들여 그리기 시작했다. 설계 과정에서 다른 드로잉 유형과 함께 다이어그램을 중요한 시각화 방식으로 여기기 시작한 것이다.

엑보는 식재 계획을 다이어그램으로 표현했다(그림 5). 평면도 형식의 이 드로잉을 다이어그램이라 부르는 이유는 식재 정보를 간단한 기호로 시각화했기 때문이다. 이전의 조경 평면도에서 식재의 겉모습이 사실처럼 보이도록 그려졌다면, 엑보는 식재 유형별 형태와 질감 등의 특성을 간단한 기호로 환원해 표기했다. 물론 이제 평면도에서 나무는 정면을 그리는 플라노메트릭이 아닌 완벽한 탑뷰로 시각화되고 있다. 수종의 복잡한 정보를 간단한 규칙으로 나타내 어떻게 공간에 배치할 것인지 간결하면서도 잘 읽히게 하는 것이다.[3]

3
Dorothée Imbert, "The Art of Social Landscape Design", in *Garrett Eckbo: Modern Landscapes for Living*, Marc Treib and Dorothée Imbert, eds., Berkeley: University of California Press, 1997, pp.152~154.

## 평행 투사

모더니스트 시기의 드로잉에서 오늘날 조경 다이어그램에서 자주 나타나는 기법을 발견할 수 있다. 엑소노메트릭 같은 '평행 투사parallel projection' 기법이 바로 그것이다. 엑소노메트릭은 투시도와 유사하게 공간을 입체적으로 그리는 방식이다. 투시도가 관찰자를 중심으로 공간을 평면에 그린 것이라면, 엑소노메트릭은 공간을 비스듬히 눕혀 그 평행선을 평면에 투사해 얻어낸 이미지다. 따라서 투시도에서는 거리가 멀어지면 공간이 점점 작아지지만, 엑소노메트릭에서는 그러한 왜곡 없이 평면 안에 공간이 균등하고 체계적으로 시각화된다. 엑보는 정원을 디자인할 때 엑소노메트릭 드로잉을 자주 그렸다(그림 6). 정원의 구성 요소를 평면에서 객관적으로 보여주고 태양광과 그림자를 추가해 정원의 분위기도 시각화했다.[4]

4
Dorothée Imbert, "Skewed Realities: The Garden and the Axonometric Drawing", in *Representing Landscape Architecture*, Marc Treib, ed., London: Taylor & Francis, 2008, pp.135~136.

여기서 흥미로운 또 다른 요소는 바로 사람이다. 대체로 드로잉에서 사람은 경관의 규모scale를 가늠하게 하고 경관의 이용을 보여주는 역할을 한다. 4장에서 다룬 윌리엄 켄트와 험프리 렙턴의 투시도 스케치에서, 사람은 경관의 규모를 알게 해주면서 (더 중요하게) 드로잉의 감상자를 설계 경관으로 자연스레 안내하는 역할을 담당했다. 그러한 사람은 회화의 영향을 받아 (회화 용어로 이러한 인물을 점경staffage이라고 한다) 대체로 사실처럼realistic 자세히 묘사되어 있었다. 그와 다르게, 엑보의 드로잉에서 사람의 겉모습은 최대한 생략된 채 간단하게 그려져 있다. 여기서 사람은 경관의 이용을 보여주기보다 설계 경관의 규모를 알려주는 역할을 주로 맡는다. 작은 규모의 정원 드로잉에서, 인간의 체격을 기준으로 규모를 가늠하게 하는 휴먼 스케일이 스케일 바보다 더 직관적이고 강력한 효과를 발휘하고 있는 셈이다.

평행 투사는 투시도를 변형한 기법이지만, 활용과 기능을 고려한다면 다이어그램이다. 로즈의 드로잉을 보면 그 이유를 알 수 있다. 로즈도 엑보와 유사하게 평행 투사를 설계에 활용했다(그림 7). 이

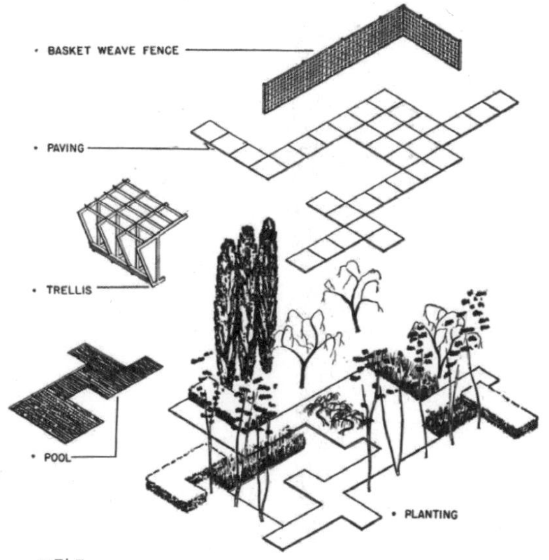


그림 7
James Roes, Pool Garden for the Ladies Home Journal, 1946

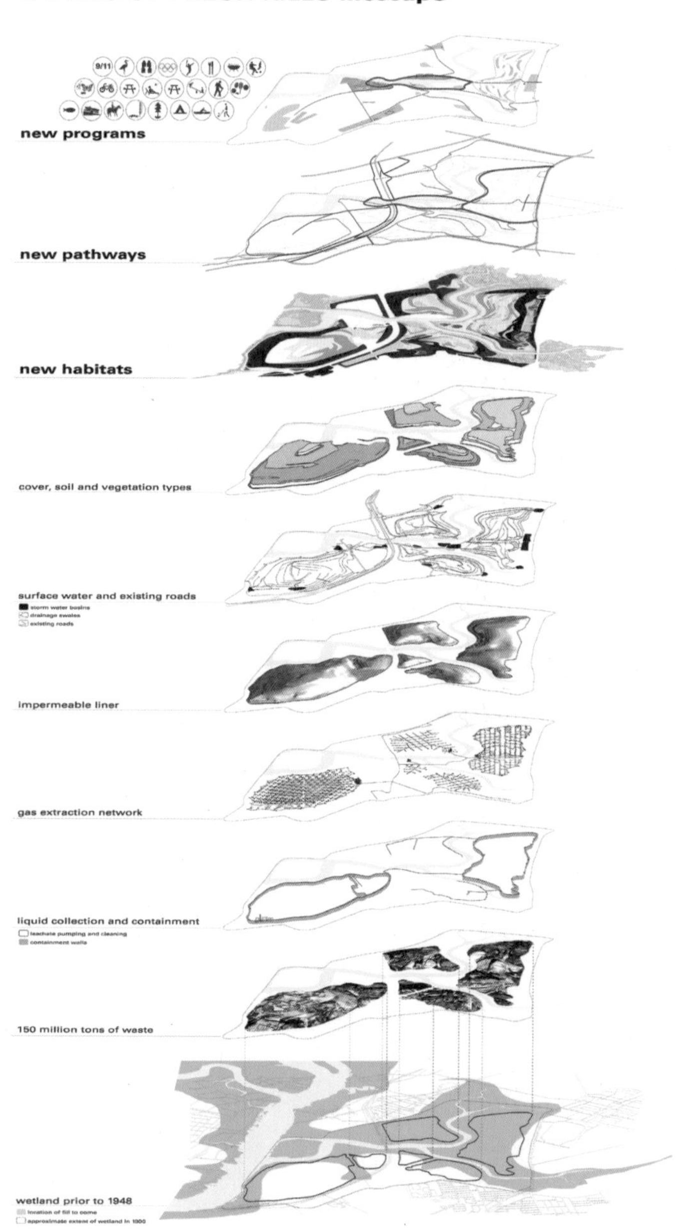


그림 8
James Corner/Field Operations, Lifescape, 2005

드로잉에서 정원의 각각의 요소는 비스듬하게 그려져 서로 분리된 채 수직축을 따라 겹쳐져 있다. 조경 역사가 도로시 앙베르Dorothée Imbert는 이러한 기법이 정원 요소들의 관계와 교체 가능성을 보여준다고 해석한다. 여기서 평행 투사는 "정원 공간의 비율과 공간에서의 다양한 요소의 관계를 스터디하기 위한 도구로 기능하고 … 이러한 점에서 설계 콘셉트 다이어그램으로 기능"하고 있다.[5]

5
같은 글, p.137.

6
Christopher Marcinkoski, "Chunking Landscapes", in *Representing Landscapes: Digital*, pp.109~111.

## 오늘날의 평행 투사

이러한 평행 투사 기법은 현대 디지털 다이어그램에도 자주 등장한다. 제임스 코너의 다이어그램은 미국 모더니스트의 평행 투사와 형태가 닮았다. 코너는 프레시 킬스Fresh Kills 공원의 다양한 문화, 동선, 생태적 기능을 분리해 맵핑한 뒤 이를 비스듬히 눕혀 겹쳤다(그림 8). 형태뿐 아니라 기능도 유사하다. 각각의 요소를 분리하면서 공원의 다양한 요소의 관계와 시간에 따른 변화를 시각화했다. 조경가 크리스토퍼 마킨코스키Christopher Marcinkoski는 근래 디지털 다이어그램에서 자주 나타나는 이러한 기법을 "랜드스케이프 청크landscape chunk"라고 부른다. 이 기법은 "시간에 따라 작동하는 복잡하게 연관된 경관의 시스템을 설명하는 가독성 있는 수단"이 되고 있다.[6]

나는 이러한 평행 투사 기법이 플라노메트릭의 기능과 유사한 역할을 한다고 생각한다. 식재와 시설물을 평면에 배치하면서 정면의 모습을 동시에 보여준다는 점에서 그렇다. 플라노메트릭이 평면도라는 하나의 드로잉 형식에 입면을 넣어 평면과 정면을 한데 보여준다면, 평행 투사는 그러한 합성 없이 식재와 시설물의 평면상 배치와 정면의 모습을 함께 시각화한다(그림 9).

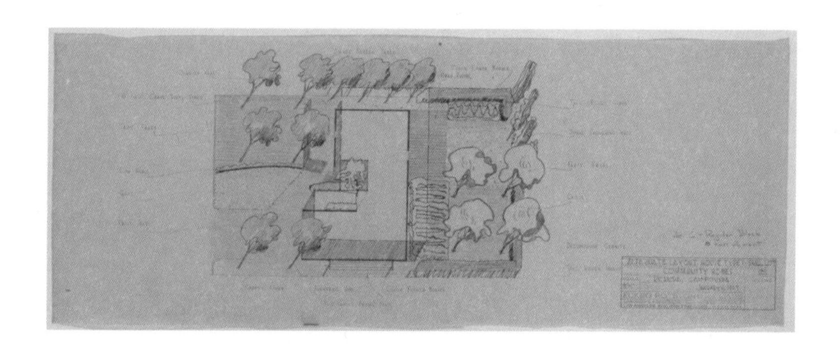

그림 9
Garrett Eckbo, Community Homes, Reseda, San Fernando Valley, 1948

## 로렌스 핼프린, 흐름의 시각화

조경 다이어그램이 그려내는 경관의 중요한 속성 중 하나는 흐름이다. 경관은 부단히 움직인다. 식물, 동물, 자연, 그리고 인간과 문화가 늘 흐르고 있는 경관은 살아 있는 생명체다. 로렌스 핼프린 Lawrence Halprin(1916~2009)은 그러한 경관의 흐름flow을 그려내는 다이어그램 테크닉을 탐구한 대표적 조경가다. 그는 노테이션notation, 즉 악보와 같은 기호 표기법을 활용해 경관을 경험하는 독특한 방식을 그려냈다. 노테이션은 피아노 악보, 춤 기보, 여행 스케줄처럼 사람에게 그에 따라 행동하게 하는 드로잉 유형이다.[7] 핼프린은 그의 아내인 안무가 앤 핼프린Anna Halprin(1920~)과 함께 경관 퍼포먼스 작업을 하면서 경관에서 인간의 움직임을 악보로 그려낸 다이어그램, 일명 모테이션motation(movement와 notation의 합성어)을 선보였다. 일례로 이 드로잉은 공연자와 관객의 움직임을 연출하여 경관을 몸소 체험할 수 있도록 유도했다(그림 10). 검은 선은 공연자들이 어디에서 그룹을 짓고 어느 지점에서 자유롭게 움직일지 지시하며, 붉은 선은 관객들이 어디서 멈추고 어디서 느리게 이동할지 그려내고 있다. 엄격하면서도 다소 느슨한 악보의 안무에 따라 공연자와 관객은 45분 동안 여러 감각을 동원해 경관을 누비게 된다.[8]

모테이션은 다이어그램이다. 공간의 복잡한 움직임을 기호로 단순화해 그린다는 형식적 측면에서도, 설계가의 아이디어를 시각화한다는 기능적 측면에서도 그렇다. 공간과 시간 데이터, 이것의 관계를 그려내는 일종의 시공간 데이터스케이프datascape인 셈이다.[9] 경관의 흐름을 나타내는 테크닉은 오늘날의 조경 드로잉에도 자주 등장한다. 대표적으로 인간, 문화, 생태적 요소의 이동 자취나 예상 방향, 즉 동선을 시각화할 때 이용된다.

7
James Corner, "Representation and Landscape: Drawing and Making in the Landscape Medium", *Word & Image: A Journal of Verbal/Visual Enquiry 8(3)*, 1992, pp.251, 255.

8
핼프린의 노테이션은 사람들의 행동을 지시(directing)한다는 점에서 참여적이지 않고 열린 작업을 유도하는 드로잉이 아니라는 부정적 견해도 존재한다. Alison B. Hirsch, "Scoring the Participatory City: Lawrence (&Anna) Halprin's Take Part Process", *Journal of Architectural Education 64(2)*, 2011, p.139. 그러나 핼프린의 노테이션은 기본적으로 행동을 지시하지만, 동시에 사람들의 행동을 느슨하게 풀어주면서 자유로운 행위를 유도한다. 제임스 코너가 말하듯이, 핼프린의 노테이션은 여러 사람의 참여를 유도하는 드로잉으로, 창조적 행동의 과정을 그래픽으로 펼쳐낸 것이다. James Corner, "Representation and Landscape: Drawing and Making in the Landscape Medium", p.256. 마곳 리스트라가 주장하듯이, 핼프린은 우연성과 자연의 불확정성을 포용하면서 경관과 사람의 변화무쌍한 움직임을 시각화했다. Margot Lystra, "McHarg's Entropy, Halprin's Chance: Representations of Cybernetic Change in 1960s Landscape Architecture", *Studies in the History of Gardens & Designed Landscapes 34(1)*, 2014, pp.71~84.

9
Andrea Hansen, "Datascapes: Maps and Diagrams as Landscape Agents", p.30.

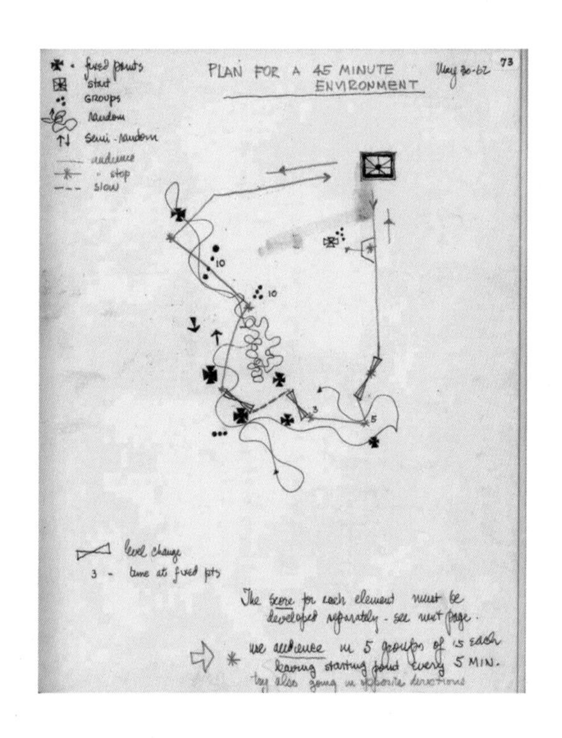


**그림 10**
Lawrence Halprin, Plan for a 45 Minute Environment, 1962

## 프로세스 디자인과 다이어그램

2000년을 전후하여 지금까지, 조경은 경관의 형태를 명확히 규정하기보다 불확실한 사회, 정치, 문화, 경제, 생태적 변화에 대비한다는 이유로 도시 및 경관의 변화 프로세스를 디자인하는 전략을 구사해 왔다. 드로잉에서도 경직된 마스터플랜보다 유연한 다이어그램이 중요해졌다. 조경 드로잉 평면의 공간 축에 시간 축이 더해지면

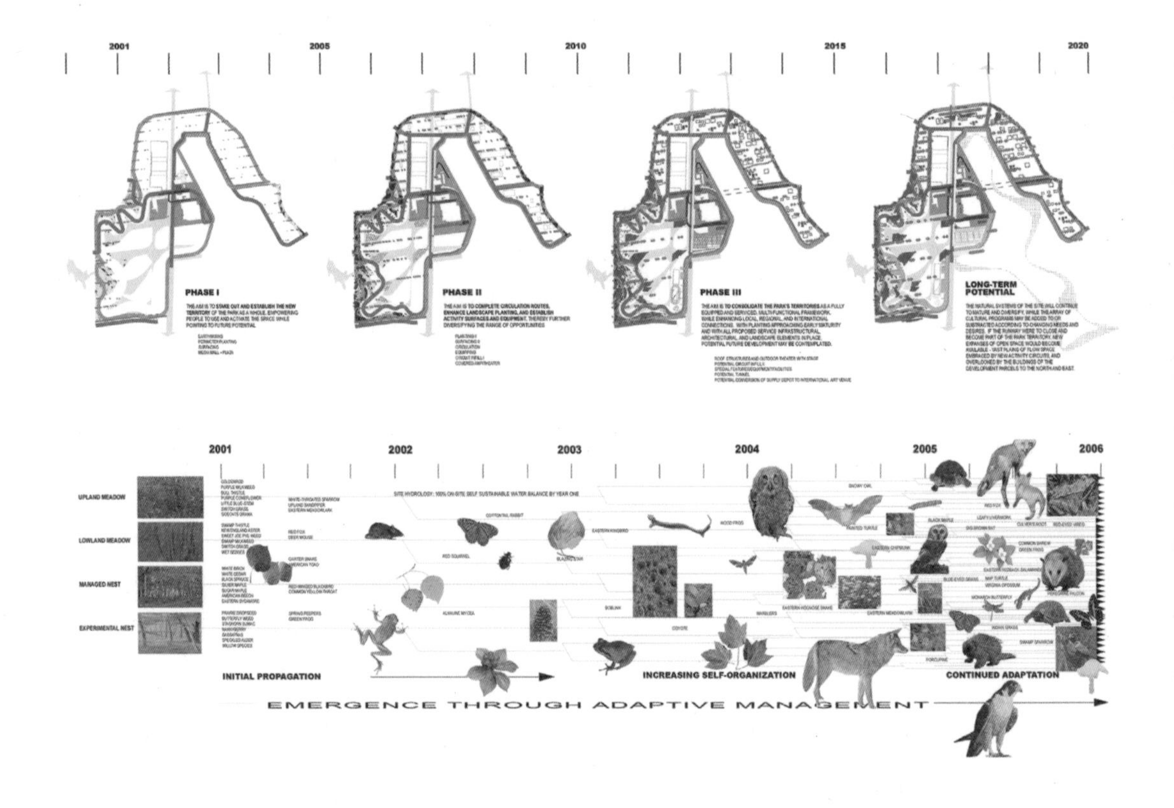


그림 11
James Corner and Stan Allen, 'Emergent Ecologies', Downsview Park International Design Competition, 1999

서, 시공간 디자인 전략을 그려낼 수 있는 다양한 다이어그램 테크닉이 탐구되고 있다. 지금까지 설명한 모더니스트들의 다이어그램 테크닉이 그러한 경관의 프로세스를 그려내기 위해 활용되고 있다. 평행 투사 기법은 경관의 진화를 보여주는 단계별 계획 다이어그램에서 공간상 여러 요소 간 복잡한 관계를 이해하기 쉽게 시각화하는 데 활용되고 있다(그림 1과 8). 또한 단계별 계획 다이어그램은 시간에 따른 경관의 변화를 느슨하게 디자인한다는 점에서 기본적으로 모테이션 테크닉을 차용한다(그림 11). 다양한 컴퓨터 소프트웨어 덕택에 이제 다이어그램은 다른 드로잉 유형으로 쉽게 변형되기도 하고 자유롭게 합성되면서 디자인 아이디어를 설명하고 때로는 창의적으로 발전시키는 데 활용되고 있다. 다이어그램 없이 설계하는 조경가가 없을 정도로 말이다.

Part 2

## 7장 _ 손과 컴퓨터



## 8장 _ 하늘에서 내려다보기



## 9장 _ 새롭게 상상하기

# 조경 드로잉 비평

## 10장 _ 현실 같은 드로잉



## 11장 _ 모형 만들기



## 12장 _ 시작하는 조경 디자인

- **7** -

# 손과
# 컴퓨터

아날로그의 손맛과 디지털의 마우스 터치 중 어느 것이 우월한가. 이 질문은 컴퓨터 드로잉이 시작되던 무렵부터 조경 설계가, 연구자, 교육자의 토론에 자주 등장했다. 이제 손과 컴퓨터가 다투면서 공존하던 시기를 훌쩍 넘겨 컴퓨터 드로잉의 시대가 되었다. 4차 산업혁명 시대에 접어들어 컴퓨터 모니터를 벗어나 VR(가상 현실)과 AR(증강 현실)을 이용해 새로운 형식의 경관을 디자인하는 지금, '손 vs 컴퓨터' 구도는 '디지털 vs 또 다른 디지털' 구도로 대체되었다. 초기 아이디어 구상 단계 이후에도 손으로 공들여 드로잉하는 디자이너를 요 근래 본 적이 없다. 이제 손 드로잉 사례를 논문에 인용하려면 애써 찾아내야 한다. 게다가 아날로그의 손맛을 흉내내는 새로운 디지털 테크놀로지, 일명 디지로그digilog 제품이 쏟아지는 현재의 디지털 생태계에서 손과 컴퓨터의 대결 구도는 해묵은 이분

그림 1
Laurie Olin, Hammocksatthe Cabin, Amagansett, Long Island, NewYork, 1968

법적 프레임으로 여겨질지 모르겠다. 그럼에도 손과 컴퓨터를 드로잉 도구로 다시 생각해보는 것은 중요하다. 조경가가 그간 손과 컴퓨터의 기능과 역할을 어떻게 생각했고, 이를 조경 설계에 어떻게 활용해 왔는지 되짚어 볼 기회를 주기 때문이다.

## 손 vs 컴퓨터?

컴퓨터 드로잉은 20세기 중반 이후에 나타났다. 때문에 조경 드로잉의 긴 역사에서 컴퓨터가 차지하는 비중은 적다. 컴퓨터가 조경 드로잉 도구로 부상하자마자 조경가들은 전통적인 드로잉 도구였던 손과 새로운 기계를 비교하기 시작했다. 손과 컴퓨터를 대결 구도로 놓고 둘 중 어떤 것이 조경 설계에서 우월한지를 다퉜다. 손이 컴퓨터보다 뛰어나다는 주장은 사람의 뇌와 손이 직접적으로 연결되어 있다는 점에서 출발한다. 컴퓨터 마우스를 거치지 않고 바로 종이 위에 옮길 수 있기 때문에 설계가의 머릿속에 있는 디자인 아이디어가 손실되지 않는다는 논리다. 이러한 점에서 손이 컴퓨터보다 경관의 형태, 재료, 구조에 대한 감수성을 시각화하는 데 뛰어나다고 주장한다(그림 1).[1] 손 드로잉을 경관에 대한 설계가의 감수성이 집적된 산물로 보는 견해는 컴퓨터가 조경 설계에 본격적으로 이용되기 시작하던 1980년대 중반에도 제기되었다.[2] 그 저변에는 손은 설계가의 창의성을 펼쳐내는 상상성의 도구이며 컴퓨터는 창의성을 저해하는 도구라는 인식이 깔려 있다.

손 우월론에 맞서 컴퓨터 드로잉이 조경 설계에서 더 뛰어나다는 목소리도 꾸준히 있어 왔다. 컴퓨터는 손보다 빠르고 정확하며 수정과 복제가 쉽기에, 이러한 기계적 효율성은 컴퓨터 우월론의 주요 논거로 활용됐다. 1980년대부터 컴퓨터 드로잉의 절차가 손 드로잉과 크게 다르지 않다고 주장하는 조경가도 있었다. 연필과 마우스라는 다른 도구를 쓰지만, 식재를 반복해 그리거나 지우고 스케일을 조정하는 과정은 손과 컴퓨터 드로잉 모두에 해당한다.[3] 이러한 점에서 컴퓨터 드로잉은 빠르고 효율적이며 많은 선택의 가능성을

1
손을 옹호하는 대표적 조경 이론가인 마크 트라이브는 컴퓨터 드로잉에서는 "설계 아이디어, 특질, 예상되는 경험, 수용자의 능력이 손실"될 우려가 있고, "기계 매체(컴퓨터)가 인간을 장소와 거리 두게 하는 반면, (손) 드로잉은 특정 장소에 시간, 집중력, 이목을 집중하게" 돕는다고 주장했다. Marc Treib, "Introduction", in *Drawing/Thinking: Confronting an Electronic Age*, Marc Treib, ed., London: Routledge, 2008, p.x; Marc Treib, "Introduction", in *Representing Landscape Architecture*, Marc Treib, ed., London: Taylor & Francis, 2008, p.xix. 뛰어난 손 드로잉을 남긴 조경가 로리 올린은 "뇌는 손에 곧바로 반응하여 (공간의) 구성, 균형감, 움직임, 예기치 않은 감정이 생성되므로 다음 선을 어디에 그려야 할지 떠오르지만, … 키보드나 마우스로는 공간의 감수성, 즉 공간의 형태, 재료, 구조, 중량감을 발전시킬 수 없다"고 주장했다. Laurie Olin, "More than Wriggling Your Wrist (or Your Mouse): Thinking, Seeing, and Drawing", in *Drawing/Thinking: Confronting an Electronic Age*, pp.85, 97.

2
조경가 워렌 버드와 수잔 넬슨은 "카메라나 컴퓨터는 우리의 인식과 이해를 무한하게 확장하지만 대상에 가까이 갈 필요가 없어져 감각을 통한 앎의 즐거움이 사라지고 있기 때문에, (손) 드로잉이 개인의 표현을 드러내고 지속하는 언어가 될 수 있다"고 주장했다. Warren T. Byrd, Jr. and Susan S. Nelson, "On Drawing", *Landscape Architecture 75(4)*, 1985, p.54.

3
아서 컬락은 "모든 캐드 드로잉은 근본적으로 손으로 그려지며, 복잡한 심벌을 그리고, 복사, 편집, 스케일, 비율을 변경하는 작업"이라는 점에서 손 드로잉과 유사하다고 보았다. Arthur J. Kulak, "Prospect: The Case for CADD", *Landscape Architecture 75(4)*, 1985, p.144.

제공하는 덕분에 오히려 창조적 기능을 담당할 수 있다는 것이다.[4] 컴퓨터 드로잉이 손을 거의 대체하는 요즘, 컴퓨터가 창조적 도구라고 주장하는 목소리도 커졌다. 컴퓨터 소프트웨어가 제공하는 다양한 필터와 효과를 이용하면 경관의 분위기, 미묘함, 모호함, 역동적 프로세스 등을 자유롭게 시각화할 수 있다(그림 2).[5] 컴퓨터 소프트웨어가 제공하는 기능이 많아져 손 드로잉으로 할 수 있는 거의 모든

4
Bruce G. Sarky, "Confessions of a Computer Convert", *Landscape Architecture 78(5)*, 1988, p.74.

5
Roberto Rovira, "The Site Plan is Dead: Long Live the Site Plan", in *Representing Landscape: Digital*, Nadia Amoroso, ed., London: Routledge, 2015, p.99.

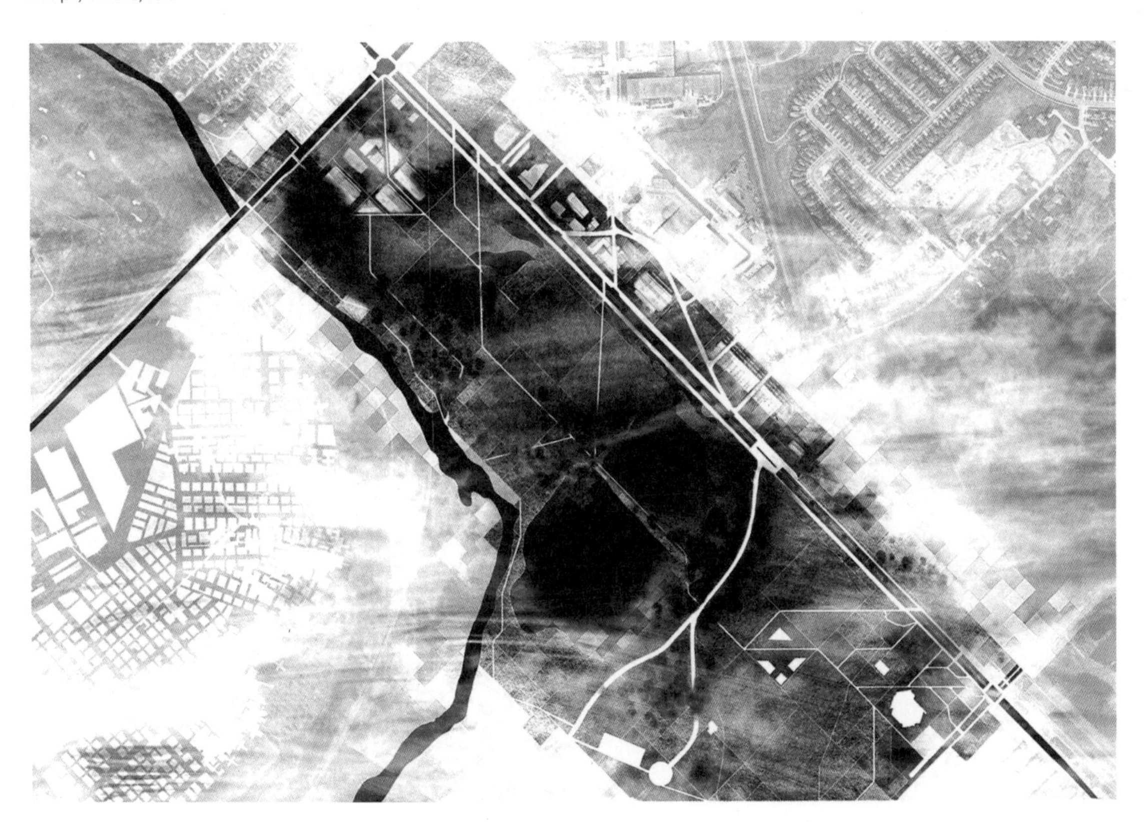

그림 2
Alex Weber, Yorklands Reformatory, Guelph, Ontario, 2016

표현이 가능하고 연필에 필적하는 사용감을 주는 전자 기기가 출시되는 지금, 손이 컴퓨터보다 경관에 대한 설계가의 감수성을 시각화하는 데 우월하다는 주장은 설득력을 잃었다.

## 테크놀로지와 테크닉

테크놀로지technology와 테크닉technique을 구별해 이해할 필요가 있다. 두 용어는 종종 혼용되면서 그 의미가 뒤섞일 때가 많다. 테크놀로지가 손, 연필, 물감, 컴퓨터처럼 드로잉의 물리적 도구인 매체medium를 지칭한다면, 테크닉은 평면도, 입단면도, 투시도, 맵핑, 다이어그램 등의 드로잉 유형을 포함하는 여러 시각화 기법을 의미한다.[6] 두 용어를 구별하면 손과 컴퓨터에 대한 조경가들의 주장도 좀 더 명확하게 이해할 수 있다. 손과 컴퓨터라는 테크놀로지, 즉 어떤 매체를 이용하느냐도 중요하지만 그러한 매체로 어떤 드로잉 테크닉을 펼치느냐를 함께 따져보아야 한다.

6
Karen M'Closkey, "Structuring Relations: From Montage to Model in Composite Imaging", in *Composite Landscapes: Photomontage and Landscape Architecture*, Charles Waldheim and Andrea Hansen, eds., Ostfildern: Hatje Cantz Verlag, 2014, p.126.

손 우월론자와 컴퓨터 옹호론자는 손과 컴퓨터라는 특정 테크놀로지가 상상력의 도구인지 기계적 수단인지를 결정한다고 본다. 손 드로잉 옹호자는 손을, 컴퓨터 드로잉 옹호자는 컴퓨터를 상상력의 수단이라고 말한다. 동일한 테크놀로지를 다른 특성을 가진 매체라고 판단하는 이유는, 실은 동일한 테크놀로지로 서로 다른 성격의 테크닉을 펼칠 수 있기 때문이다. 다시 말해, 손과 컴퓨터라는 테크놀로지를 이용해 어떤 드로잉 테크닉을 펼치느냐에 따라 설계가의 창의성이 발휘될 수도 있고 단순한 기계 도구로 이용될 수도 있다. 이를테면 손으로 경관에 대한 감수성을 표현하는 스케치를 할 수도 있지만, 단순히 공사를 위한 투사 드로잉을 기계적으로 그릴 수도 있다. 이와 유사하게 컴퓨터로 시공 도면을 단순히 복붙copy and paste할 수도 있지만, 컴퓨터를 경관의 역동성, 복잡하고 미묘한 분위기와 상상력을 시각화하는 데 활용할 수도 있다.[7] 드로잉 테크놀로지보다 테크닉이 더 중요한 셈이다.

7
조경가 캐런 맥클로스키가 정확히 지적하듯이, "디지털 묘사가 드로잉의 질적 측면의 손실을 가져온다는 주장은 '테크놀로지, 즉 연필과 컴퓨터'와 '테크닉, 즉 드로잉 타입과 이미지 만들기' 양자를 혼동하는 것이다. 만일 디지털 매체가 (손에 비해) 부족하다면, 그러한 매체가 내재적 역량을 탐구한다기보다 손 드로잉의 테크닉을 흉내 내는 데 이용되기 때문이다." Karen M'Closkey, "Structuring Relations: From Montage to Model in Composite Imaging", pp.125~126.

## 손에서 컴퓨터로

그렇다면 조경 드로잉 매체가 손에서 컴퓨터로 변했을 때 컴퓨터가 어떠한 역할을 담당했는지 되짚어 보자. 드로잉의 도구가 손에서 컴퓨터로 이행하는 시기를 들여다보면 조경가가 컴퓨터에 기대했던 희망과 실패가 복잡하게 뒤섞여 있다. 앞서 말했듯이 컴퓨터가 조경 설계의 드로잉 도구로 이용되면서 손과 컴퓨터에 관한 논쟁이 끊이지 않았지만, 사실 손 드로잉을 옹호하는 목소리가 대체로 컸다.

미국 조경가를 대상으로 몇 차례 설문 조사가 있었다. 이 설문 조사의 결과를 보면 밀레니엄을 넘어선 시기에도 컴퓨터 드로잉보다 손 드로잉을 조경 설계의 창조적 수단으로 보는 시선이 우세했다는 사실을 알 수 있다. 1983년 미국의 조경 전문지 『랜드스케이프 아키텍처Landscape Architecture』에 실린 설문 조사에서, 조경에서는 건축이나 도시계획 같은 관련 분야에 비해 컴퓨터의 이용이 적다고 지적되었다.[8] 또한 1993년에 실시된 미국조경가협회ASLA 회원 대상 설문 조사는, 조경가는 대체로 컴퓨터를 시공 도면을 그릴 때 이용하지 설계 아이디어를 발전시킬 때 활용하는 경우가 적다는 결과를 보고했다.[9] 이러한 경향은 2000년대에 접어들어서도 계속되었다. 2000년에 실시된 미국조경가협회 회원 대상 설문 조사에서도, 컴퓨터는 조경 설계 과정에서 효율적 도구로 이용될 뿐 예술적이고 창조적인 영역에는 영향을 주지 않는다는 결과가 도출된 것이다.[10]

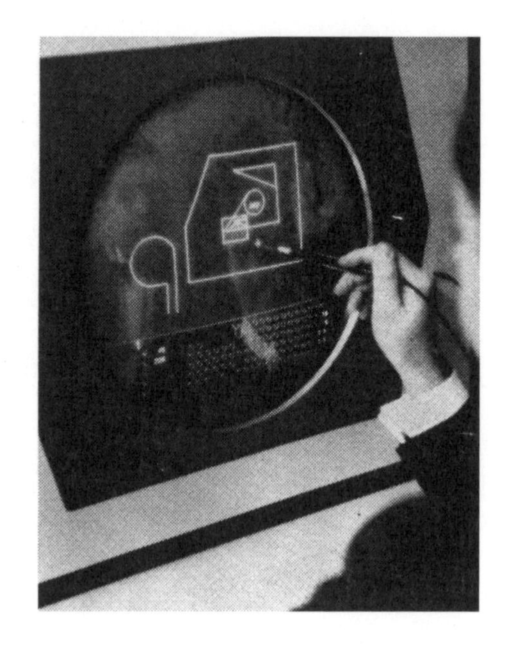

그림 3
MIT Sketchpad Program, 1965

8
Paul F. Anderson, "Stats on Computer Use", *Landscape Architecture 74(6)*, 1984, p.101.

9
James Palmer and Erich Buhmann. "A Status Report on Computers", *Landscape Architecture 84(7)*, 1994, p.55.

10
Lolly Tai, "Assessing the Impact of Computer Use on Landscape Architecture Professional Practice: Efficiency, Effectiveness, and Design Creativity", *Landscape Journal 22(2)*, 2003, p.121.

그림 4
Construction drawing, 1990s

## 드로잉 소프트웨어의 초기 역사

그렇다면 구체적으로 어떤 컴퓨터 소프트웨어가 상상력이 아닌 도구성의 수단으로 이용되었는지 알아봐야 하겠다. 위의 설문 조사에서 다룬 소프트웨어는 대체로 캐드CAD다. 초기 캐드 소프트웨어는 1960년대 초반 매사추세츠 공과대학MIT에서 이반 서더랜드Ivan Sutherland가 선보인 스케치패드Sketchpad부터 출발해 건축 분야에서 먼저 이용되기 시작했고(그림 3), 1980년대가 되면서 아키캐드ArchiCAD와 오토캐드AutoCAD 제품이 건축과 조경을 비롯한 건조 환경 설계 분야에 이용되었다.[11] 그러나 1990년대 초반까지도 미국의 조경설계사무소에서 컴퓨터의 이용이 보편화되지는 않았다고 한다.[12] 게다가 캐드는 설계 과정에서 설계 아이디어의 창의적 발전이나 3D 시각화에 이용되지는 않았고, 앞서 언급한 설문 조사에 나타나듯 주로 시공 도면을 만드는 역할을 담당했다(그림 4).

조경은 캐드 못지않게 지리정보시스템GIS과 그래픽 소프트웨어의 이용이 많은 분야다. 먼저 GIS는 큰 규모의 경관 계획에서 방대한 경관 데이터를 처리하는 데 이용되는 테크놀로지다. 이를 통해 처리하는 테크닉은 다음 장에서 다룰 조경가 이안 맥하그Ian McHarg가 유행시킨 일명 '레이어 케이크layer-cake', 즉 여러 종류의 경관 데이터를 지도로 만들어 중첩해 특정한 토지 이용의 적합성을 평가하는 기법이다(그림 5). 캐드의 초기 형식이 1960년대 건축에서 이용될 무렵, 조경에서는 GIS 소프트웨어의 초기 모델을 개발하고 있었다.[13] 초기 GIS 소프트웨어인 싸이맵SYMAP, 그리드GRID, 오디세이ODYSSEY는 1960~1970년대 하워드 피셔Howard T. Fisher가 설립한 하버드 대학교 컴퓨터 그래픽 및 공간 분석 연구소와 디자인 대학원과의 긴밀한 협업을 통해 개발됐다(그림 6).[14] 1980년대부터는 맥하그가 펜실베이니아 대학교에 도입하면서 환경 계획에서 중요한 소프트웨어로 급부상했다.[15] 이때 GIS는 이전에 손으로 처리하던 레이어 케이크의 절차, 즉 경관 데이터의 목록화, 연산, 시각화 과정을 빠르고 정확하게 수행하는 효율적 도구로 기능했다.

11
Jillian Walliss, Zeneta Hong, Heike Rahmann and Jorg Sieweke, "Pedagogical Foundations: Deploying Digital Techniques in Design/Research Practice", *Journal of Landscape Architecture 9(3)*, 2014, pp.72~73.

12
Kirt Rieder, "Modeling, Physical and Virtual", in *Representing Landscape Architecture*, p.187. 1993년 미국조경가협회 회원 대상의 설문 조사에 따르면, 당시 조경 회사의 캐드 사용률은 60퍼센트 이하였다. James Palmer and Erich Buhmann. "A Status Report on Computers", p.55.

13
Antoine Picon, "Substance and Structure II: The Digital Culture of Landscape Architecture", *Harvard Design Magazine 36*, 2013, p.124.

14
Nick Chrisman, *Charting the Unknown: How Computer Mapping at Harvard Became GIS*, Redlands, CA: ESRI Press, 2006.

15
Ian L. McHarg, *A Quest for Life: An Autobiography*, New York: John Wiley & Sons, 1996, p.367; Richard Weller and Meghan Talarowski, eds., *Transacts: 100 Years of Landscape Architecture and Regional Planning at the School of Design of the University of Pennsylvania*, San Francisco: Applied Research and Design Publishing, 2014, p.119. 맥하그는 1970년대 초반부터 생태 계획을 컴퓨터로 수행하고자 했다. 그러나 초기 컴퓨터는 정확성과 그래픽 질이 모두 떨어졌기 때문에 컴퓨터를 신뢰하지 않았다. Ian L. McHarg, *A Quest for Life: An Autobiography*, p.285.

조경 설계에서 경관의 미래 비전을 그려낼 때는 어도비 포토샵 Adobe Photoshop이나 일러스트레이터Illustrator가 이용된다. 투시도는 풍경화 형식과 유사해 조경 드로잉의 역사에서 자주 등장해온 테크닉이다. 9장에서 자세히 다루겠지만 1980~1990년대에는 사진을 비롯한 여러 시각 재료를 뜯어 재조립한 콜라주와 몽타주가 유행하기도 했다. 어도비는 1987년에 일러스트레이터를, 1989년에 포토샵을 출시했고, 조경설계사무소는 1990년대 후반부터 이러한 그래픽 소프트웨어를 투시도, 평면도, 다이어그램을 제작하는 데 이용하기 시작

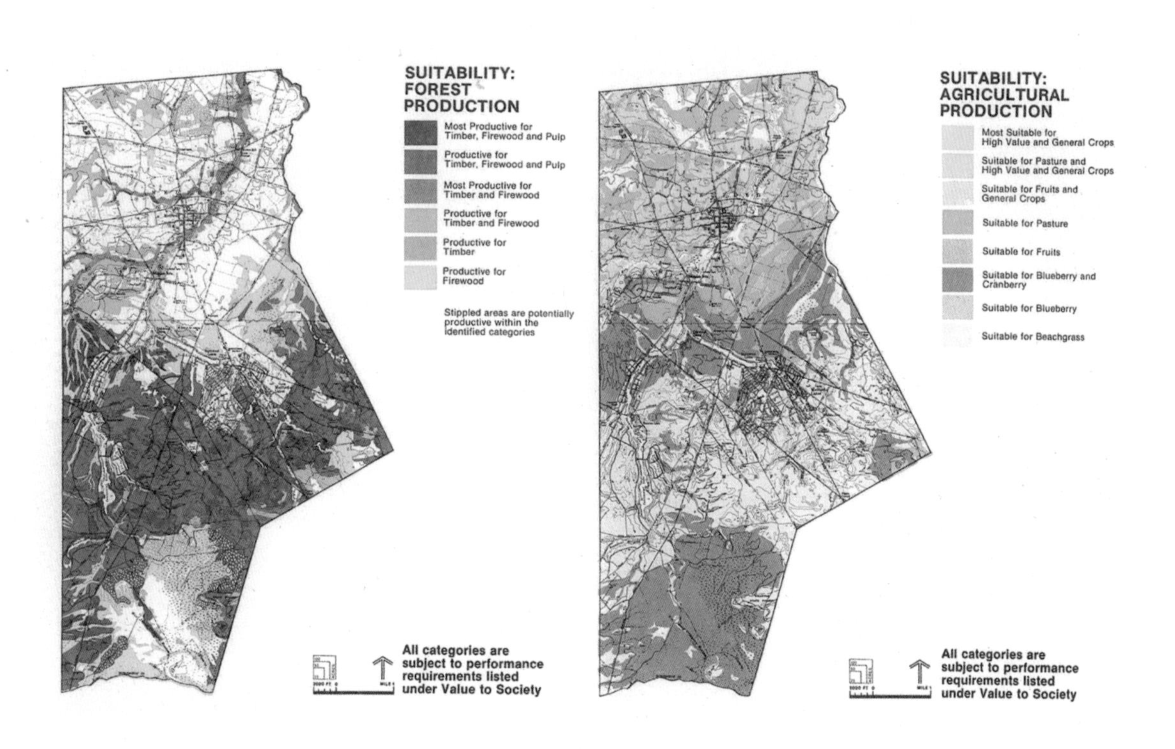


그림 5
Ian McHarg et al., Medford Study Analysis Maps, 1974

했다(그림 7). 그래픽 소프트웨어로 만드는 드로잉의 경우, 여러 사진 재료의 파편을 뜯어 조립하는 절차라는 점에서 손으로 만든 것과 크게 다르지 않다. 그래픽 소프트웨어가 이미지를 다루는 체계, 즉 개별 레이어를 이용해 합성하는 방식은 콜라주 및 몽타주 방식과 매우 흡사하기도 하다. 그래픽 소프트웨어를 이용한 투시도는 손 드로잉의 프로세스를 크게 변화시키지는 않았고, 대신 이미지에 적용할 수 있는 시각 효과가 다채로워졌다.[16] 대체로 모든 소프트웨어가 손으로 하던 작업을 처리하는 도구성의 기술로 이용된 셈이다.

컴퓨터 드로잉 초기에 조경가들이 컴퓨터를 단순한 기계 장치로 여겼던 건 당연하다. 인간이 기계에게 일차적으로 바라는 건 인간의 손보다 빠르고 정확하게 업무를 처리하여 효율성을 높이는 것이다. 하지만 앞서 말했듯 같은 시기에 컴퓨터 드로잉이 설계 과정의 창의적 발전에 기여해야 한다는 목소리가 있을 때 제 역할을 해내지 못했다는 점은 되짚어 봐야 한다. 어쩌면 지금도 컴퓨터를 설계를 발전시키는 창의적인 도구라기보다 정보를 효율적으로 처리하고 설계 결과물을 그대로 그려내는 단순한 기계 장치쯤으로 다루고 있지는 않은지 궁금하다.

16
미디어 이론가 레프 마노비치는 그래픽 소프트웨어를 이용한 이미지 제작의 속성이 레이어 팔레트(layer palette)와 필터(filter)를 포함한 다양한 명령어에 나타난다고 설명한다. 포토샵은 "개별 레이어에 포함된 시각 요소를 병치하여" 이미지가 생성되고, 이러한 절차는 손을 이용한 콜라주 및 몽타주와 기본적으로 유사한 프로세스를 지닌다. 또한 마노비치는 이미지에 효과를 입히는 필터를 "이전의 미디어 효과를 모방하는 것"과 "그렇지 않은 것"으로 분류한다. 예컨대 브러시나 스케치 필터는 손 드로잉이나 회화 효과를 모방하고, 노이즈 필터는 그렇지 않다. Lev Manovich, *Software Takes Command*, New York: Bloomsbury Academic, 2013, pp.139, 142~145.

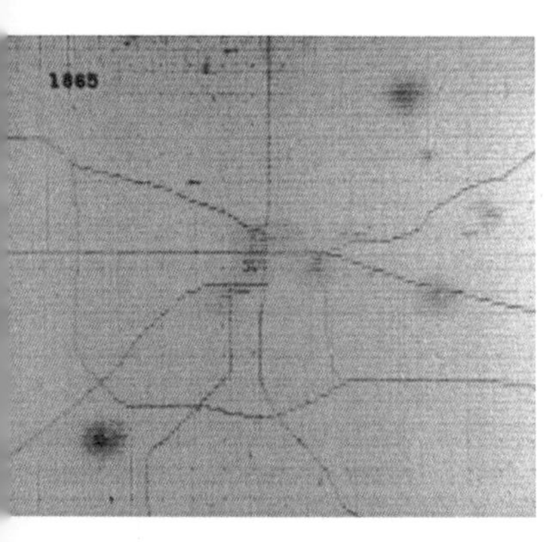


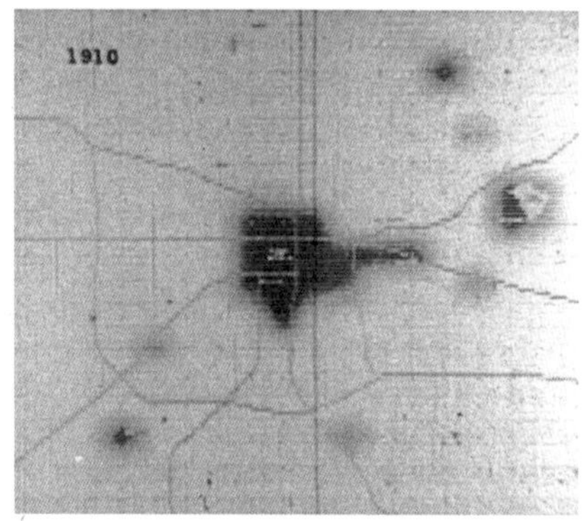


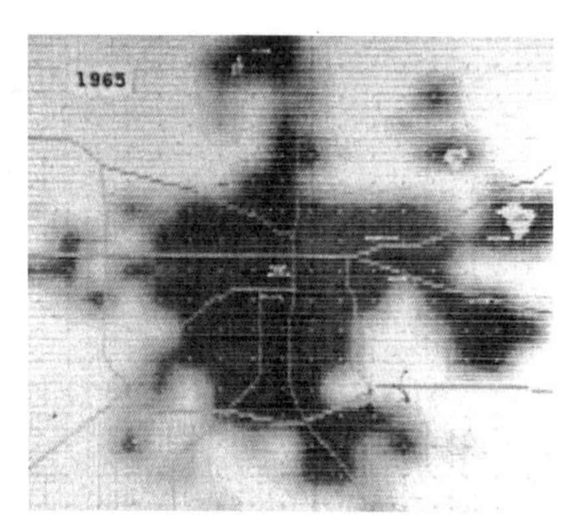


그림 6
Change in Residential Land Use over Time in Lansing, Michigan, motion picture generated from SYMAP output, 1967

그림 7
동심원 조경 외, 서울숲, 2003

- 8 -

# 하늘에서 내려다보기

한눈에 아래를 내려다 볼 수 있는 전망대는 관광지의 인기 장소다. 지상을 거닐다 같은 장소를 높은 곳에서 내려다보면 묘한 감정에 휩싸인다. 아등바등 치열히 살아가던 삶이 미니어처가 되어버린 광경을 보고 누군가는 인생의 덧없음을 느낄 것이다. 또 누군가는 마침내 이곳을 모두 보았다는 성취감에 뿌듯할지도 모른다. 후자의 감정은 높은 곳에서 장소를 내려다보는 행위가 지닌 우월감과 뒤섞여 있다. 전망의 특권, 그것은 장소에 대한 소유와 지배의 감각과도 연결된다.

하늘에서 내려다보는 시점, 즉 공중 뷰aerial view는 생활 곳곳에 침투해 있다. 전망 좋은 음식점이나 아파트 등의 실제 공간은 물론이고, 각종 포털 사이트에서 제공하는 영상 지도 서비스 같은 시각 이미지를 통해서도 우리는 새의 시점, 즉 조감bird's eye view의 주체가

**그림 1**
서울시 영상 지도, 국토지리정보원

**그림 2**
Gaspard-Félix Tournachon, Aerial View of Paris: Arc de Triomphe, 1868

된다(그림 1). 이 시점은 움직이기도 한다. 자연과 도시를 항공 촬영한 다큐멘터리, 게임, 영화, 각종 모델링 소프트웨어의 플라이스루flythrough는 세상을 내려다보면서 항해하는navigating 희열을 제공한다. 조경 설계와 계획에서도 공중 뷰가 자주 이용된다. 항공 사진과 위성 사진을 이용해 대상지와 주변의 현재 상황을 이해하고 보이지 않는 여러 경관 데이터를 지도로 만들어mapping 대상지와 관련한 정보를 한눈에 파악하기도 한다.

## 도시 스펙터클로서 공중 뷰

항공 사진은 도시와 자연 경관에 대한 스펙터클spectacle을 제공하고, 그리하여 경관 설계와 계획에도 자주 활용되어 왔다. 최초의 항공 사진은 1858년 프랑스 사진가이자 열기구 조종사였던 가스파르 펠릭스 투르나숑Gaspard-Félix Tournachon(1820~1910, 일명 나다르Nadar)이 열기구에 탑승해 파리 시가지를 촬영한 것이다. 십 년 후 나다르가 포착한 파리의 공중 뷰는 오스만Haussmann의 파리 도시 개조 프로젝트의 모습을 잘 보여준다(그림 2). 개선문을 중심으로 시원하게 뻗은 방사선의 대로, 하수관, 공원, 토목 구조물을 포함하는 도시 인프라스트럭처의 질서와 이들의 관계를 짐작하게 한다.[1]

같은 시대 도시의 공중 뷰는 손으로도 그려졌다. 공중 뷰는 높은

1
Charles Waldheim, *Landscape as Urbanism*, Princeton University Press, 2016, 배정한·심지수 역, 『경관이 만드는 도시: 랜드스케이프 어바니즘의 이론과 실천』, 도서출판 한숲, 2018, p.175.

그림 3
Attributed to Antoine Louis François Sergent dit Sergent-Marceau, Departure of Jacques Charles and Marie-Noel Robert's 'aerostatic globe' Balloon from the Jardin des Tuileries, c. 1783

곳에서 바라본 시점이므로 작은 공간보다 대규모 도시를 바라보고 시각화하는 데 적절했다. 높이 올라가면 올라갈수록 더 넓은 장소를 한눈에 볼 수 있었다. 카메라 발명 이전에도 이미 인간은 하늘에 올라 도시를 내려다보았다. 18세기 후반 인간은 열기구를 타고 하늘에 올라 도시를 조감했다(그림 3). 도시가 발전하면서 도시 조감도도 많이 생산되었다. 공중 뷰는 도시를 시각화하고 대중에게 소비되는, 말하자면 도시를 향유하는 방법 중 하나였다.

## 평면도의 욕망

하늘에서 장소를 내려다보고자 하는 열망은 훨씬 오래 전에도 존재했다. 지도와 평면도에는 공중 뷰에 대한 감수성이 반영되어 있다. 지도와 평면도는 공간의 구획과 배치를 정확하게 그려내 한눈에 파악할 수 있게 만든 드로잉 유형이다. 대개의 설계 평면도는 그

그림 4
André Le Nôtre, Plan of the Grand Trianon Gardens, 1694

공간을 통제할 수 있다는 자신감을 준다. 높이의 정도 차이는 있지만 인간이 높은 곳에 올라 내려다보며 얻게 되는 감정과 유사하다. 설계 평면도를 '마스터플랜'이라 부르는 데는 그러한 통제의 관념이 스며들어 있다. 어쩌면 지도와 평면도는 공중 뷰의 완벽한 형식일지도 모른다. 평면도가 그려진 이집트 시대에 이미 공중 뷰에 대한 욕망이 발견되는 셈이다.

인간이 열기구에 탑승해 눈으로 직접 확인하기 전에는 땅을 그린 그림이 지닌 가치가 지금보다 훨씬 컸을 것이다. 앙드레 르 노트르의 그랑 트리아농Grand Trianon 평면도(그림 4)가 당시 파리 주재 문화 대사였던 다니엘 크론스트롬Daniel Cronström에게 수집된 것은 공들여 채색되어 예술 작품으로서 완성도가 높아서이기도 했지만(3장 참조), 당대의 최신 측량 및 과학 기구의 도움으로 정확히 측정되고 그려져 인간의 눈으로 결코 확인할 수 없는 불가능한 시점을 가지고 있었기 때문이다. 흡사 신과 왕의 전지전능한 시점으로 넓은 왕실 정원을 한눈에 내려다보면서 상상적으로 소유하던 것이다. 지금이야 길을 걷다 스마트폰에서 항공 사진을 바로 찾아볼 수 있지만, 항공 사진도 공중 비행도 없던 시절에 넓은 공간을 그린 평면도는 지금과 비교할 수 없는 큰 가치를 지녔을 것이다.[2]

2
또한, 4장에서 설명했듯이 17세기에는 경관의 묘사에서도 버드 아이 뷰가 유행했었다.

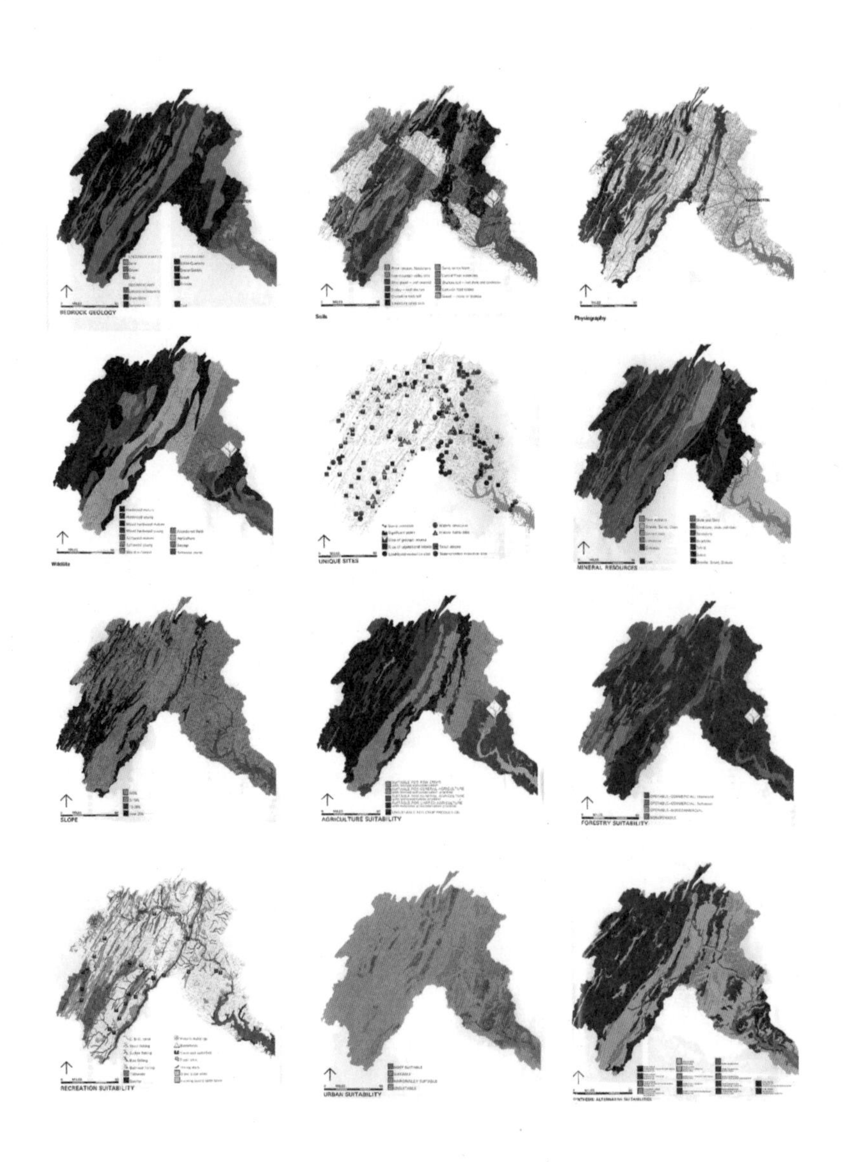


그림 5
Ian McHarg, Potomac River Basin Study, 1969

## 이안 맥하그와 지도 중첩

큰 규모의 공간을 다루는 조경 계획에는 항공 사진과 맵핑이 자주 이용된다. 지리정보시스템GIS을 통해 대상지의 수많은 정보를 체계적으로 목록화하고inventory 그러한 경관 데이터를 지도로 만들어 중첩해 적합한 토지 이용을 찾아낸다. 이러한 지도 중첩map overlay, 일명 레이어 케이크layer-cake 테크닉은 20세기 중후반 이안 맥하그Ian McHarg(1920~2001)가 생태 계획에서 즐겨 사용한 것으로 알려져 있다(그림 5).

맥하그의 지도 중첩을 활용한 적합성 분석 과정은 크게 세 단계로 나뉜다.[3] 첫째, 대상지의 여러 데이터를 맵핑하여 목록화한다. 지형, 지질, 토양, 수문, 식생, 야생 동물, 기후, 광물 같은 생태적 요소와 사회적, 법적, 경제적 요소가 포함된다. 둘째, 각 요소의 가치를 고려하여 특정 토지 이용의 적합성을 평가한다. 한곳에 존재하는 여러 경관 요소가 특정 토지 이용에 적합한지 그렇지 않은지를 평가해 맵핑한다. 셋째, 앞의 여러 맵핑을 중첩해 최종적으로 하나의 적합성 지도suitability map를 만든다. 이 적합성 지도가 정하는 바에 따라 토지 이용이 결정된다.[4]

지도 중첩 테크닉은 맥하그의 발명품으로 알려져 있지만, 이 테크닉은 이미 옴스테드가 활동하던 19세기 후반 무렵부터 이용되었다(5장 참조). 앤 위스턴 스펀Anne Whiston Spirn에 따르면, 레이어 케이크라

3
Ian L. McHarg, Arthur H. Johnson, and Jonathan Berger, "A Case Study in Ecological Planning: The Woodlands, Texas", in *To Heal the Earth: Selected Writings of Ian L. McHarg*, Ian L. McHarg and Frederick Steiner, eds., Washington, DC: Island Press, 1998, pp.242~263.

4
과학적이고 합리적인 방식이라고 알려진 맥하그의 지도 중첩에 대한 비판은 다음을 참조할 것. Susan Herrington, "The Nature of Ian McHarg's Science", *Landscape Journal 29(1)*, 2010, pp.1~20.

5
Anne Whiston Spirn, "Ian McHarg, Landscape Architecture, and Environmentalism: Ideas and Methods in Context", in *Environmentalism in Landscape Architecture*, Michel Conan, ed., Washington, DC: Dumbarton Oaks Research Library and Collection, 2000, p.107. 1969년에 출판된 맥하그의 『Design with Nature』에서는 레이어 케이크라는 용어가 발견되지 않는다. 대신 맥하그는 자신의 지도 중첩을 설명할 때 목록화(inventory), 중첩화(overlaid), 중층화(superimposed), 통합(synthesis), 삽입(interlayer) 등의 단어를 사용했다. Ian McHarg, *Design with Nature*, New York: The Natural History Press, 1969. 맥하그가 레이어 케이크라는 용어를 자신의 글에서 사용한 것은 1970년 이후라고 짐작된다. 일례로 1972년 출판된 보고서 「An Ecological Planning Study for Wilmington and Dover, Vermont」에서 다양한 생태 정보를 맵핑한 레이어들을 시간 순서로 누적하는 방식을 가리켜 레이어 케이크 접근법이라고 불렀다. Wallace, McHarg, Roberts, and Todd, "An Ecological Planning Study for Wilmington and Dover, Vermont", in *To Heal the Earth: Selected Writings of Ian L. McHarg*, p.290.

는 용어는 맥하그의 제자들이 만들었다. 맥하그는 1965년부터 수업에서 포토맥 강 연구Potomac River Basin Study를 진행했다. 학생들은 이 수업에서 다양한 경관 요소를 맵핑해 목록화하는 기법을 가리켜 레이어 케이크라 부르기 시작했다고 한다.[5] 또한 맥하그의 지도 중첩법은 이전의 조경가와 도시계획가의 기법을 차용해 발전시킨 것이기도 하다.[6] 맥하그는 군복무 시절 도시계획 관련 통신 강좌를 수강했고,[7] 여기에 도시계획가 재클린 티릿Jacqueline Tyrwhitt(1905~1983)의 강좌가 포함되어 있었다. 티릿은 여러 경관 데이터를 조사해 만든 지도들을 하나로 중첩해 토지 특성 지도를 만든 바 있다(그림 6).[8]

6
Carl Steinitz, Paul Parker, and Lawrie Jordan, "Hand drawn Overlays: Their History and Prospective Uses", *Landscape Architecture 66*, 1976, pp.444~455; Frederick Steiner, "Revealing the Genius of the Place: Methods and Techniques for Ecological Planning", in *To Heal the Earth: Selected Writings of Ian L. McHarg*, pp.203~211.

7
Ian L. McHarg, *A Quest for Life: An Autobiography*, New York: John Wiley & Sons, 1996, p.56.

8
티릿은 계획(planning)을 위해 경관 데이터를 지도로 만들어 투명한 종이 위에 중첩했다. 토지의 높낮이(relief), 암석 종류(rock types), 수문 및 토양 배수(hydrology and soil drainage), 농지(farmland)의 네 가지 경관 데이터를 조합해 분석한 뒤 토지 특성 지도(land characteristics)를 만들었다. Jacqueline Tyrwhitt, "Surveys for Planning", in *Town and Country Planning Textbook,* APRR, ed., London: The Architectural Press, 1950, pp.146~196; Carl Steinitz, Paul Parker, and Lawrie Jordan, "Hand-drawn Overlays: Their History and Prospective Uses", p.446.

그림 6
Jacqueline Tyrwhitt, Map Overlay for Land Characteristics, 1950

## 레이어 케이크의 유산

맥하그의 레이어 케이크는 1960년대 중후반 초기 컴퓨터 지리정보시스템GIS의 발전에 (소프트웨어 개발에 직접 참여하지는 않았지만) 영향을 주었다.[9] 7장에서 설명했듯이 초기 GIS 소프트웨어는 하버드의 컴퓨

9 Robert D. Yaro, "Foreword", in *To Heal the Earth: Selected Writings of Ian L. McHarg*, p.xi.

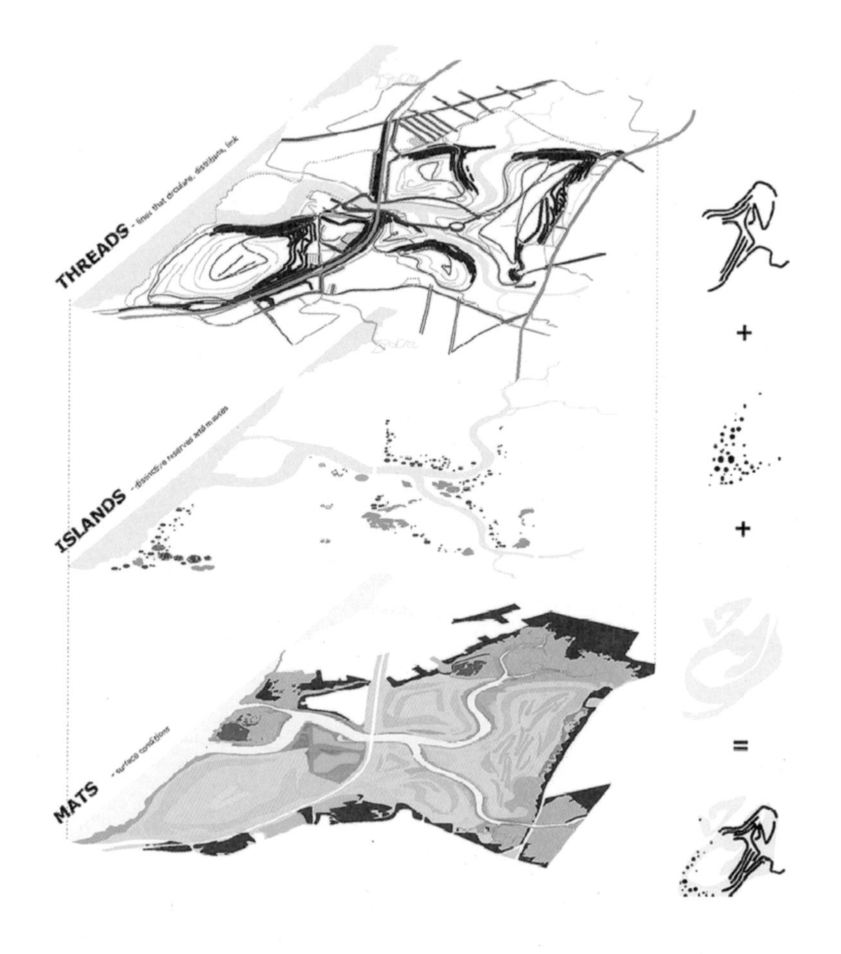


그림 7
James Corner/Field Operations, Lifescape, 2001

터 그래픽 및 공간 분석 연구소Harvard Laboratory for Computer Graphics and Spatial Analysis와 GSD 조경학과의 긴밀한 협업을 통해 개발되었다. 맥하그는 1967년에 하버드 GSD에 초청되어 적합성 분석을 주제로 강연한 적이 있다.[10]

맥하그의 테크닉은 이후의 조경가에게도 영향력을 행사했다. 제임스 코너의 다이어그램은 20세기 초중반에 활동한 미국 모더니스트의 엑소노메트릭 드로잉과 닮았고(6장 참조), 여러 경관 요소를 지도로 만들어 중첩하는 방식은 맥하그의 레이어 케이크의 것과 유사하다(그림 7).

10
Nick Chrisman, *Charting the Unknown: How Computer Mapping at Harvard Became GIS*, Redlands, California: ESRI Press, 2006, p.43. 맥하그 외에 토양학자 앵거스 힐스(Angus Hills)와 조경가 필립 루이스(Philip Lewis)도 함께 초청되었다. 강연을 정리한 보고서에 따르면, 이 셋 중 어느 강연자도 완벽하게 하버드 연구자를 만족시키지는 못했다고 한다. Landscape Architecture Research Office, Graduate School of Design, Harvard University, *Three Approaches to Environmental Resource Analysis*, Washington, D.C.: The Conservation Foundation, 1967.

11
James Corner and Alex S. MacLean, *Taking Measures Across the American Landscape*, New Haven and London: Yale University Press, 1996.

## 공중 뷰의 상상적 이용

경관으로 도시를 디자인하는, 일명 랜드스케이프 어바니즘landscape urbanism 진영은 공중 뷰를 이용하는 방식을 비판하고 새로운 가능성을 모색해 왔다. 제임스 코너James Corner는 공중 뷰가 토지를 통제하는 도구적 수단으로 이용되어 왔다고 지적하며 상상력을 발휘해 이를 창의적으로 이용하자고 주장했다.[11] 코너는 맥하그가 생태 계획에서 활용한 인공위성과 원격 탐사 사진, 항공 사진, 조감도, 레이어 케이크를 비롯한 분석 지도, 마스터플랜 등의 공중 뷰가 마치 전지전능한 결정권을 가진 듯 토지를 통제하려는 태도를 취한

다고 비판했다.[12]

중요한 것은 공중 뷰의 도구적 이용을 비판했지 공중 뷰 자체를 부정하진 않았다는 점이다. 코너는 항공 사진을 비롯한 공중 뷰는 세계를 도구적으로 보여주지만 동시에 창조적으로 만드는 힘도 지니고 있다고 믿었다.[13] 코너의 '윈드밀 토포그래피Windmill Topography'(그림 8)에서 도구적 드로잉인 기온, 풍속, 풍속 그래프, 지도는 터빈 기어, 바람의 그림자, 산맥 단면도 모양으로 잘리고 뒤섞여 표현되어, 로스앤젤레스 동부의 거대한 풍력 생산 구역의 경관을 공감각적으로 그려내고 있다.[14]

도시와 관련된 수많은 데이터가 생산되고 그 데이터에 쉽게 접근해 다룰 수 있게 된 오늘날, 조경 계획과 설계에서도 맵핑을 이용한 여러 분석 기법이 개발되고 있다. 단순히 통제의 도구라는 이유로 공중 뷰를 비판했던 코너의 사고 방식이 현재 시점에서는 시대착오적으로 들리기도 한다. 코너도 맵핑과 중첩 기법을 이용하기 때문이다. 하지만 코너의 맵핑은 맥하그의 그것과는 다른 역할을 한다. 맥하그의 레이어 케이크가 특정 토지 이용을 명확히 구획된 선으로 결정하는 마스터플랜과 유사한 기능을 한다면, 코너의 레이어링 맵핑은 시간이 흐르면서 변화하는 다양한 가능성을 유연하게 수용하는 설계 전략을 펼치는 다이어그램의 역할을 수행한다.[15]

찰스 왈드하임은 『경관이 만드는 도시: 랜드스케이프 어바니즘의 이론과 실천』에서 경관의 개념이 '아름다운 그림 같은 이미지'에서

12
James Corner, "Aerial Representation and the Making of Landscape", in *Taking Measures Across the American Landscape*, pp.15~16. 이러한 공중 뷰의 도구적 이용이 현대 대규모 엔지니어링 프로젝트에서도 발견된다고 하면서, "인공 위성 이미지 … 컴퓨터 지리정보 시스템과 연동된 데이터 … 이러한 새로운 테크놀로지는 인류가 지구를 통제하는 최고 권력을 가지고 있다는 믿음"을 준다고 비판한다. 이러한 공중 뷰의 도구적 이용은 1700년대 후반까지 거슬러 올라간다. 코너는 1700년대 후반 미국의 토지 구획 조사에서 공중 뷰의 감수성이 반영된 조감도, 파노라마 드로잉, 지도, 마스터플랜이 미국 서부의 땅을 이해, 조사, 통제하는 도구적 수단으로 이용되었다고 말한다.

13
James Corner, "Aerial Representation and the Making of Landscape", pp.16~17.

14
James Corner, "The Agency of Mapping: Speculation, Critique and Invention", in *Mappings*, Denis Cosgrove, ed., London: Reaktion Books, 1999, pp.247~249. 이외에도 조경 계획과 설계에서 공중 뷰의 이용에 관한 유사한 논의로는 리처드 웰러의 다음 글이 유용하다. Richard Weller, "An Art of Instrumentality: Thinking through Landscape Urbanism", in *the Landscape Urbanism Reader*, 2006, 김영민 역, "수단성의 기술: 랜드스케이프 어바니즘을 통해 생각하기", 『랜드스케이프 어바니즘』, 도서출판 조경, 2007, pp.78~99.

15
조경가 앨리슨 허치가 적절히 진단하듯이, 맥하그의 레이어 케이크가 "하나의 확고한 '진실', 즉 토지 이용의 적합성을 결정하여 하나의 최종적 맵"을 만들어내는 기법이라면, 코너의 레이어링 맵핑은 "도시화의 시공간적 복합성과 그와 관련한 프로세스, 즉 '과정의 유토피아'"를 그려내는 테크닉이다. Alison B. Hirsch, "Introduction: the Landscape Imagination in Theory, Method, and Action", in *The Landscape Imagination: Collected Essays of James Corner 1990–2010*, James Corner and Alison B. Hirsch, eds., New York: Princeton Architectural Press, 2014, p.25.

16
Charles Waldheim, *Landscape as Urbanism*, p.174.

'공중에서 바라보는 잘 관리된 판surface'으로 변했고, 이제 조경가는 미지의 황야와 대조되는 그림 같은 경관을 설계하기보다 도시나 자연의 대지의 판을 다양한 원격 조감 매체, 즉 공중 뷰를 활용해 계획하고 디자인한다고 말한다.[16] 큰 규모의 대상지가 지닌 많은 정보를 한 번에 파악할 때 공중 뷰만큼 유용한 매체는 없을 것이다. 더 높이 올라갈수록 더 넓은 공간을 볼 수 있다.

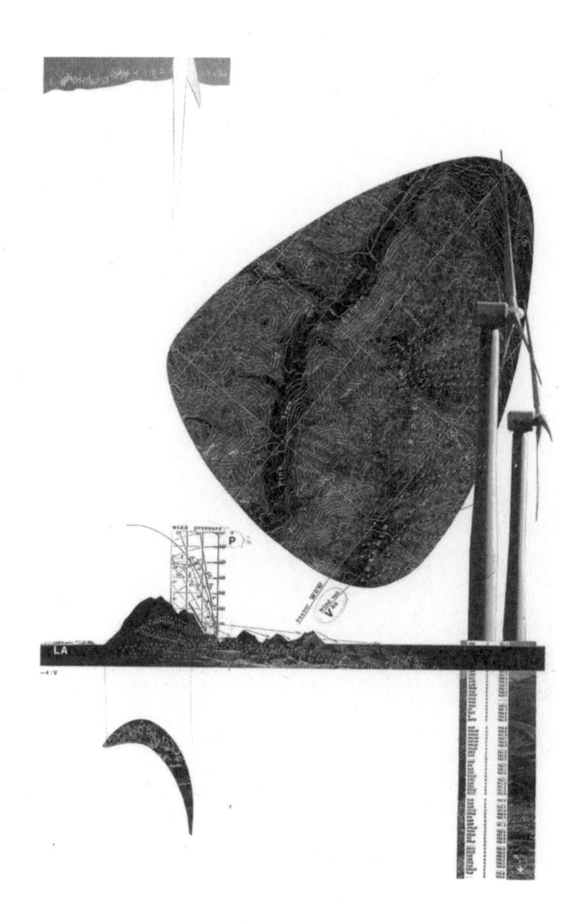


그림 8
James Corner, Windmill Topography, 1996

- 9 -

# 새롭게 상상하기

색종이, 사진, 헝겊 같은 여러 재료의 조각을 한데 조립해 새로운 이미지를 만드는 기법을 콜라주collage라고 한다. 사진이 재료가 된 경우 포토몽타주photomontage라고도 부른다.[1] 서로 다른 특성을 가진 재료를 자유롭게 조립해보면 스케치로는 그려내기 힘든 경관의 특성을 발견할 수 있다. 기초 디자인 교육에 종종 콜라주와 몽타주(이하 콜라주)가 포함되는 이유는 디자인하고 있는 경관의 겉모습을 사실처럼 그리기보다 다소 느슨하게, 말하자면 구상과 비구상 사이를 오가며 핵심 아이디어와 경관의 분위기를 상상해보기 위해서다.

콜라주 기법으로 여러 드로잉 유형을 그려낼 수 있지만 투시도의 형식을 빌릴 때가 많다. 지금은 포토샵과 일러스트레이터로 대표되는 그래픽 소프트웨어를 통해 투시도가 제작된다. 소프트웨어가 제공하는 다양한 식물과 인물 재료, 기존의 사진 재료 등을 조립해 작

1
콜라주는 풀칠하다, 붙이다, 조립하다의 뜻을 지닌 프랑스어 collage에서, 몽타주는 조립하다를 뜻하는 프랑스어 monter에서 유래했다(www.oxfordlearnersdictionaries.com).

품 사진처럼 보이는 이미지를 만들어낸다. 소프트웨어가 상용화되기 전에는 손으로 투시도를 그렸다. 앞서 보았듯, 윌리엄 켄트처럼 한 가지 색으로 스케치하거나 험프리 렙턴과 프레더릭 로 옴스테드처럼 공들여 색을 입히기도 했다. 지금부터 설명하겠지만, 콜라주 기법으로 투시도를 그리기도 했다.

그림 1
Yves Brunier, Collage for Museumpark Rotterdam, 1989~1991

그림 2
Yves Brunier, Collage for Museumpark Rotterdam, 1989~1991

## 콜라주된 경관

1980~1990년대의 조경가들은 콜라주를 통해 경관을 새롭게 시각화하고자 했다. 새로운 방식은 새로운 인식을 동반했다. 조경이 그간 디자인해 온 아르카디아적arcadian 자연, 즉 18세기 풍경화식 정원과 19세기 중반 옴스테드의 센트럴 파크가 구현했던 목가적이고 전원적인 자연을 벗어나 도시 경관을 포함하는 인공적 자연을 긍정하기 시작한 것이다.

이브 브뤼니에Yves Brunier(1962~1991)가 로테르담의 뮤지엄파크Museumpark를 설계하면서 선보인 콜라주는 사진, 구아슈, 오일 파스텔, 잉크, 은박지, 와이어 메시 등 혼합 매체로 제작됐다. 사과나무 수피가 하얗게 채색되어 인공 자연처럼 보이는 게 인상적이다(그림 1과 2).[2] 아드리안 회저Adriaan Gueze(1960~)의 초기 작업인 로테르담 쇼부르흐플레인Schouwburgplein의 콜라주는 광장과 도시의 모습을 과장, 왜곡, 병치해 그려낸 투시도로, 광장이 지닌 도시적 맥락과 역동성을 효과적으로 보여준다(그림 3). 조경 설계가 더 이상 인간의 손때가 묻지 않은 것처럼 보이는 자연을 만드는 작업이 아니라 도시의 맥락을 고려한 인공 자연을 만드는 실천이라 여기는 그의 인식이 반영되어 있다.[3]

2
이 프로젝트를 함께한 렘 콜하스는 브뤼니에가 "자연을 짓밟거나(rape) 자연의 속성을 벗겨내 표현의 대상으로 바꾸고 싶어 하는 것" 같았다고 회상한다. Odile Fillion, "A Conversation with Rem Koolhaas", in *Yves Brunier: Landscape Architect*, Michel Jacques, ed., Basel: Birkhäuser, 1996, pp.89~90.

3
Adriaan Geuze, "Introduction", in *West 8*, Luca Molinari, ed., Milano: Skira Architecture Library, 2000, pp.9, 10, 12.

그림 3
Adriaan Geuze, Schouwburgplein
Perspective Collage, 1990

## 사실적이지 않은, 그래서 더 실재 같은

주목할 점은 사실처럼realistic 그리려 하지 않았다는 것이다. 브뤼니에는 사과나무의 잎은 사진과 잉크를 이용해 푸르게 표현했지만 수피에는 하얀 구아슈를 칠했고 이것이 바닥 재료인 흰 자갈과 연결되는 것처럼 표현했다. 검정 오일 파스텔로 굵은 선을 쓱쓱 그려 개별 요소를 구분하고 검은 반려견을 그려 넣은 것도 재미있다. 뒤에 보이는 직사각형의 물체는 반사 효과를 연출하는 벽 구조물로, 은박지와 와이어 메시를 사용한 것 같다. 사진을 이용한 점에서 구체적 현실감이 느껴지고, 종이를 찢어 붙인 자국을 남기고 구아슈와 오일 파스텔을 덧입혀 불완전한 형상을 그려낸 점에서는 추상적이기도 하다. 이것이 현실이 아니라 가상의 공원 이미지일 뿐이라는 사실을 스스로 말해주는 셈이다.[4] 또한 회저의 콜라주는 실제 공간을 과장, 축소, 왜곡하면서 공상 과학 영화 '블레이드 러너Blade Runner'(1982)에 나온 2019년 로스앤젤레스 풍경과 흡사한 초현실적 분위기를 뿜어내고 있다.[5]

흥미로운 사실은 겉모양을 똑같이 그리려는 강박을 버린 이러한 콜라주가 오히려 실제 경험에 가까이 도달할 수 있다는 점이다. 브뤼니에의 콜라주에서 하얗게 처리된 바닥과 사과나무 수피는 초록으로 우거진 나뭇잎과 대비되면서 공간의 촉감을 생생히 전달한다. 브뤼니에는 공원 안에 여러 가지 활동, 분위기, 열망을 한데 조합해

4
Anette Freytag, "Back to Form: Landscape Architecture and Representation in Europe after the Sixties", in *Composite Landscapes: Photomontage and Landscape Architecture*, Charles Waldheim and Andrea Hansen, eds., Ostfildern: Hatje Cantz Verlag, 2014, p.107.

5
같은 글, p.111.

새롭고 감각적인 이미지를 담은 공간을 만들고자 했고, 콜라주는 그러한 디자인 의도를 성공적으로 시각화했다.[6]

6
Yves Brunier, "Museumpark at Rotterdam", in *Yves Brunier: Landscape Architect*, Birkhäuser, 1996, p.106. 브뤼니에의 협업 파트너였던 이사벨 오리코스트가 증언하듯, 브뤼니에의 콜라주는 설계 과정에서 아이디어를 발전시키는 상상적인 역할을 했다. Isabelle Auricoste, "The Manner of Yves Brunier", in *Yves Brunier: Landscape Architect*, pp.16~17.

## 사람 사진

주목할 또 다른 점은 사진 재료를 활용하는 방식이다. 현실의 감각을 전달하는 기계 매체인 사진은 5장에서 설명했듯 19세기 중반부터 조경 설계에 등장했다. 옴스테드가 사진의 현실감을 설계 대상지의 현황 파악을 위해 이용했다면, 콜라주 작업에서 조경가는 그러한 현실감을 경관을 새롭게 상상하는 데 동원한다.

그림 4
Martha Schwartz, Collage for Jacob Javits Plaza, 1995

그림 5
Kienast Vogt Partner, Collage for the Ground of the Center for Art and Media, Karlsruhe, 1995

사람을 찍은 사진을 이용한다는 점이 흥미롭다. 사람은 다른 경관 요소보다 그리기 힘든 대상이다.[7] 인물 사진을 삽입하면 쉽게 현실감을 부여할 수 있다. 감상자는 그 사람을 따라 이미지 속 경관을 가상으로 체험할 수 있다. 조경 드로잉에서 사람은 경관의 크기를 가늠하는 스케일이자 경관의 이용을 보여주는 역할을 담당해 왔다(4, 6장 참조). 브뤼니에의 콜라주에서 뒷모습을 보이며 산책 중인 두 남성은 광장의 호젓함을 전달한다. 마사 슈왈츠Martha Schwartz(1950~)의 콜라주에 등장하는 어린아이의 익살스러운 표정은 광장의 활기찬 분위기를 이미지에 불어넣는다(그림 4). 물론 여기서 사람은 기본적으로 경관의 크기를 짐작하게 해 준다. 유명한 사람이 등장하기도 했다. 스위스 조경가 디터 키나스트Dieter Kienast(1945~1998)의 콜라주에는 영화 '길La Strada'(1954)의 주인공 젤소미나Gelsomina(배우 길리에타 마시나Giulietta Masina 분)의 사진이 삽입되어 있다. 말하자면 콜라주에 카메오로 출연한 셈이다(그림 5).[8]

7
미술의 역사에서 사람의 표정을 사실처럼 그려내는 것은 다른 대상의 묘사에 비해 어려운 작업이었다. E. H. 곰브리치, 차미례 역, 『예술과 환영: 회화적 재현의 심리학적 연구』, 열화당, 2003, pp.311~312. 시각 효과 기술이 나날이 발전하고 있지만 과거에는 컴퓨터 그래픽으로 사람을 제작하는 것도 '언캐니 밸리(uncanny valley)'와 같은 문제 때문에 상당히 까다로웠다. Angela Tinwell et al., "Facial Expression of Emotion and Perception of the Uncanny Valley in Virtual Characters", *Computers in Human Behavior 27*, 2011, pp.741~749. 여전히 조경 그래픽에서 순수하게 컴퓨터로 만들어진 경관 이미지에 사람의 디지털 (혹은 디지털화된) 이미지가 합성되어 현실감을 주고 있다.

8
Anette Freytag, "Back to Form: Landscape Architecture and Representation in Europe after the Sixties", p.103.

## 제임스 코너와 드로잉의 상상력

제임스 코너James Corner(1961~)는 경관을 새롭게 그려내는 방법을 이론과 실천에서 부단히 탐구해 왔다. 1990년대 초반부터 코너는 드로잉이 시각 이미지인 반면 조경이 다루는 경관은 시각뿐만 아니라 후각과 촉각을 포함하는 다감각 매체이며, 이로 인해 드로잉이 경관의 다감각적 특성을 온전히 시각화하는 건 애초에 불가능하다고 판단했다. 그렇기에 경관의 외양을 사실적으로 시각화하는 방식, 즉 드로잉의 도구적 기능보다는 경관의 다감각적 특성을 새롭게 보여주는re-presenting 상상적 역할을 강조했다.[9] 앞 장에서 소개한

9
코너는 "재현(re-presentation)"은 "단순히 이미 존재하는 세계, 우리가 이미 알고 있는 양적인 것을 묘사(represent)하는 것이 아니라, 이전에 예측되지 않았던 방식으로 세계를 다시 제시(representing)"하는 것으로, 재현을 통해 "오래된 것은 새롭게 나타나고 진부한 것은 신선하게 나타나게 된다"고 말한다. James Corner, "Representation and Landscape: Drawing and Making in the Landscape Medium", *Word & Image: A Journal of Verbal/Visual Enquiry 8(3)*, 1992, p.262. 재현이라는 말의 의미와 제임스 코너의 재현 이론과 실천에 관한 상세한 논의는 다음을 참조할 것. 이명준, "제임스 코너의 재현 이론과 실천: 조경 드로잉의 특성과 역할", 『한국조경학회지』 45(4), 2017, pp.118~130.

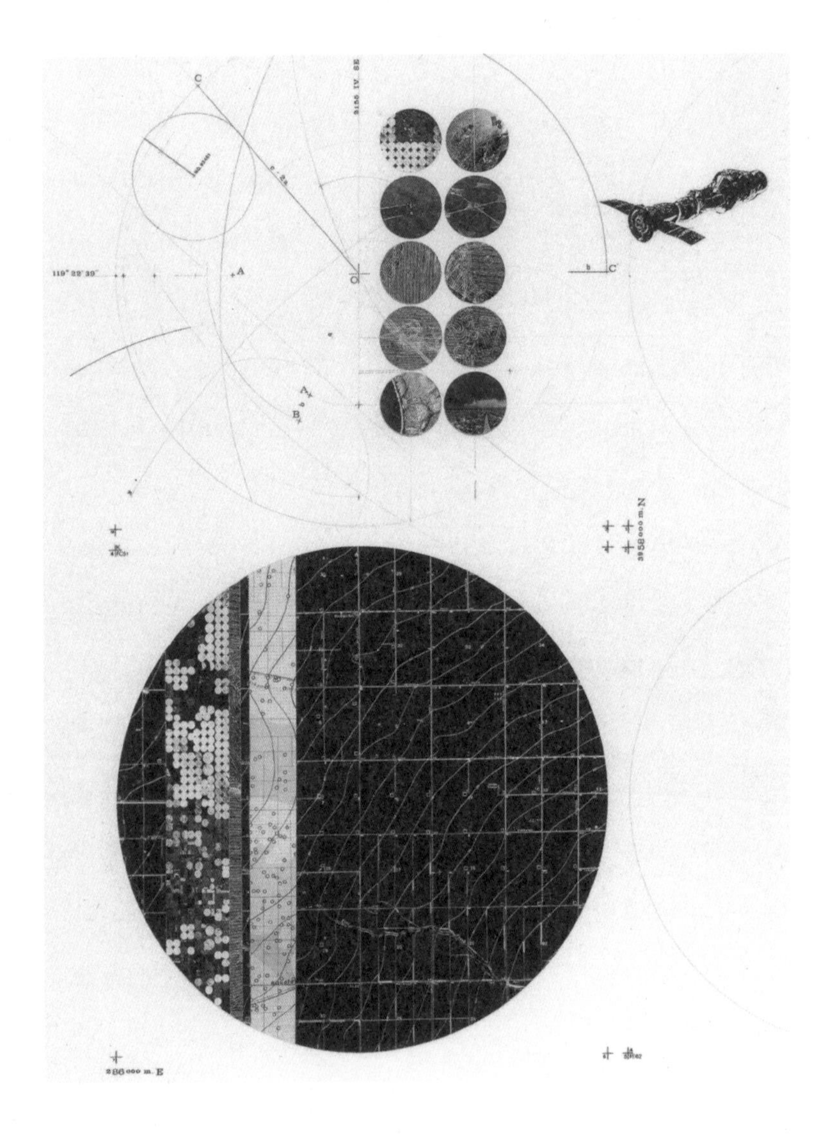

그림 6
James Corner, Pivot Irrigators I, 1996

그림 7
James Corner and Stan Allen, Emergent Ecologies, 1999

1990년대 후반 코너의 콜라주 작업들은 그러한 지향점을 잘 보여준다. 그동안 도구적 수단으로 기능해 온 공중 뷰를 상상력을 불러일으키는 콜라주로 재해석한 것이다(그림 6).

1999년 개최된 다운스뷰 공원Downsview Park 국제 설계공모에서 코너는 건축가 스탠 앨런Stan Allen과 함께 설계 전략을 보조하는 콜라주를 선보였다. 그들의 결선작 '생성하는 생태계Emergent Ecologies'에서 인간의 활동과 생태의 역동성을 시각화하기 위해 제작된 투시도 형식의 콜라주를 볼 수 있다(그림 7). 사진의 잘린 흔적과 조립할 때 생기는 자국을 그대로 드러내면서 미래에 새롭게 펼쳐질 공원의 생태적 역동성을 효과적으로 그려냈다. 조립한 흔적을 감추면 좀 더 현실처럼 보였겠지만 도리어 노출하면서 디자인 내용을 효과적으로 드러낸 것이다.[10]

10
코너와 앨런은 "자연과 인간을 포괄하는 생태계의 출현"을 설계 전략으로 삼아, "[인간의] 모든 활동 프로그램을 수용하는 '순환(circuit)'과 대상지의 모든 수문학적·생태적 역동성을 지지하는 '관통(through-flows)'"이라는 공원의 두 가지 시스템을 제안한다. James Corner and Stan Allen, "Emergent Ecologies", in *Downsview Park Toronto*, Julia Czerniak, ed., Munich: Prestel Verlag, 2001, p.58. 여기서 그들은 콜라주 외에도 설계 전략을 그려내는 다양한 테크닉, 즉 다이어그램, 단계별 계획 맵핑을 실험했다.

## 상상적이면서 도구적인

코너가 드로잉의 상상적 역할만 줄곧 강조한 건 아니다. 1990년대 중후반 코너는 랜드스케이프 어바니즘landscape urbanism 이론과 실무를 전개하면서 드로잉의 상상성뿐만 아니라 도구적 역할에도 눈을 돌리기 시작했다. 이전에는 투시도를 기반으로 한 콜라주를 실험했다면(그림 7), 이후의 실무에서는 도구적 기능을 담당하는 지도나 평면도를 기반으로 한 맵핑 테크닉을 선보였다. 사실 공간을 실제로 만드는 일에는 콜라주보다 맵핑이 더 유용하다. 코너가 말하듯, "콜라주가 대체로 암시적이고 연상을 통해서 기능한다면, 맵핑은 재료를 보다 분석적이고 지시적인 도식으로 체계화"한다는 점에서 "맵핑이 실재화actualization의 효과"를 가져온다.[11]

2001년 개최된 프레시 킬스 공원Fresh Kills Park 설계공모의 당선작 '라이프스케이프Lifescape'에서 코너는 기존의 쓰레기 매립지 위에 "새로운 관점의 도시, 생태적 지형"을 디자인한다.[12] 이 작업은 레이어링 맵핑과 이를 활용한 단계별 계획으로 공원의 생태적 진화를 효과적으로 보여준다. 평면도와 콜라주를 결합한 '플랜 콜라주plan collage' 기법으로 만들어낸 이미지가 눈에 띈다(그림 8). 마블링을 떠낸 것 같은 형상이 흥미롭다. 쓰레기 더미 위에 펼쳐질 생태 공원의 모습이 구체적이면서 또 추상적으로 보이기도 한다. 대형 스케일을 다루기에 적절한 지도의 형식을 기초로 하되 콜라주 기법을 접목하

11
James Corner, "The Agency of Mapping: Speculation, Critique and Invention", in *Mappings*, Denis Cosgrove, ed., London: Reaktion Books, 1999, pp.225, 245.

12
정욱주·제임스 코너, "프레쉬 킬스 공원 조경설계", 『한국조경학회지』 33(1), 2005, p.97.

13
플랜 콜라주는 거대한 스케일의 대상지를 하나의 객체로 간주하고 스케일에 구속되지 않은 채 자유롭게 여러 이미지를 접목하고 합성해보는 작업이다. 이를 통해 만들어진 다소 임의적이고 주관적인 이미지는 대상지의 지형, 경사, 태양 각도, 동선, 표면 재료 등의 맵핑과 같은 보다 객관적인 이미지와 상호보완되면서 설계 과정을 거치며 평면도로 진화해 간다. 정욱주·제임스 코너, "프레쉬 킬스 공원 조경설계", pp.104~105.

여, 대상지를 구체화하는 동시에 설계 전략을 흥미롭게 보여주었다. 정욱주와 코너의 말처럼 "평면도와 다이어그램을 섞어 놓은 다이어그래매틱 플랜diagrammatic plan"으로 기능하는 셈이다.[13] 조경 드로잉의 두 가지 기능인 도구성과 상상성, 즉 경관을 설명하고 구체화하는 기능과 새롭게 인식하고 상상하는 역할이 성공적으로 결합하고 있다.

그림 8
James Corner/Field Operations, Lifescape, 2006

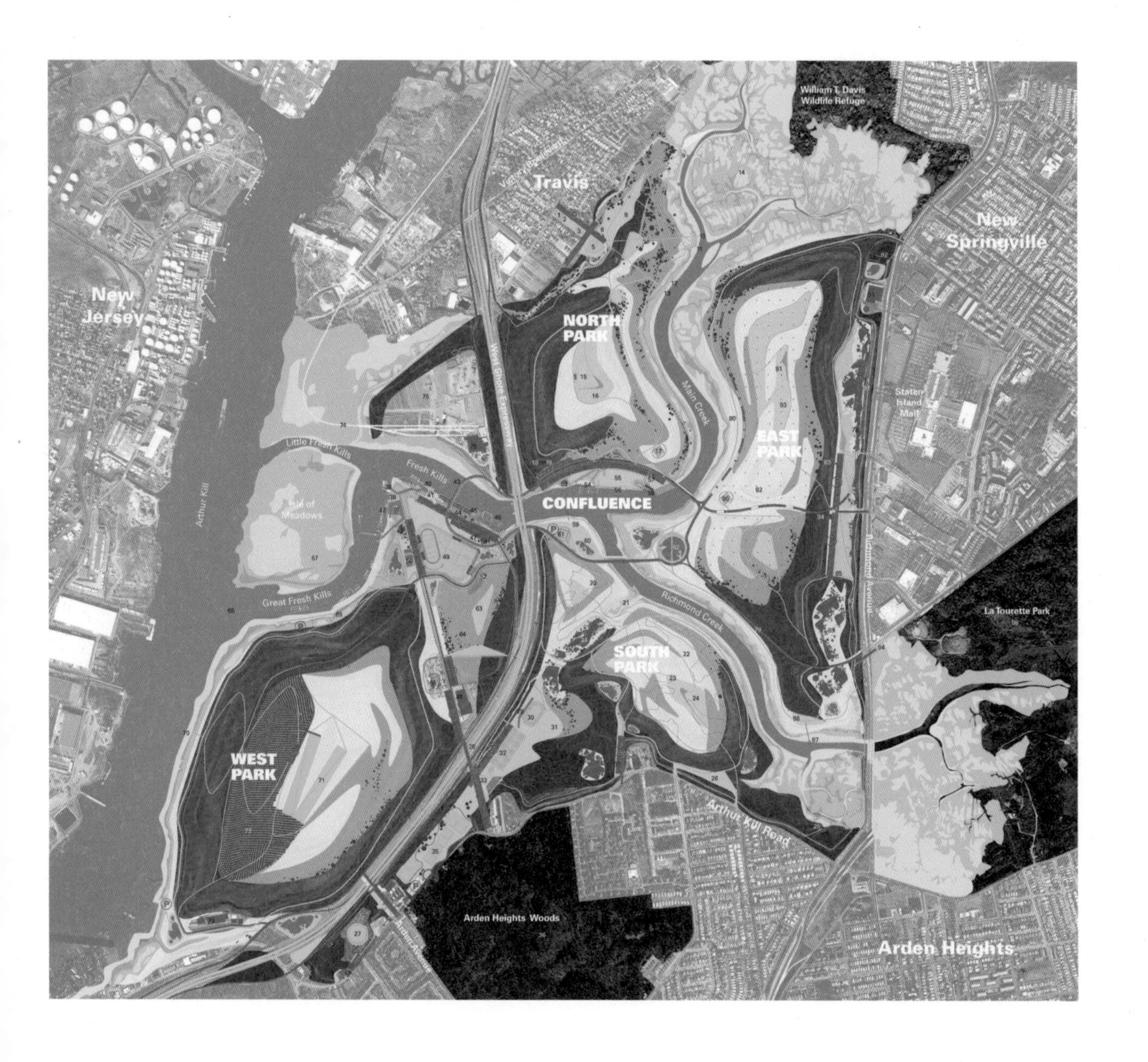

- 10 -

# 현실 같은 드로잉

미국조경가협회ASLA는 몇 년 전부터 최우수 작품상ASLA Professional Award of Excellence 수상작을 가상 현실VR 영상으로 제작해 유튜브에 서비스하고 있다(그림 1). 공원 주요 구역의 풍경과 방문객의 활동을 담고 디자이너의 설계 설명을 내레이션으로 입혔다. 휴대폰이나 컴퓨터로 유튜브에 접속하면 2차원의 360도 동영상을, 가상 현실 헤드셋을 이용하면 3차원의 360도 동영상을 감상할 수 있다. 상하좌우로 자유롭게 마우스를 움직이거나 헤드셋을 쓰고 고개를 돌려가며 공원을 실제로 누비는 것처럼 경험할 수 있다. 가상 현실이 디자인 과정의 도구로 활용된 것은 아니지만 대중과 소통하는 중요한 테크놀로지로 활용되고 있다.

가상 현실이라는 기술도 놀랍지만 풍경을 입체로 체험하기 위한 노력이 19세기에 이미 나타났다는 사실도 흥미롭다. 그림 2는 뉴

욕의 센트럴 파크가 조성된 지 얼마 안 된 시기에 제작된 것으로 추정되는 입체경stereoscope 사진이다. 두 장의 비슷한 사진이 나란히 놓여 있는데, 가상 현실 헤드셋과 비슷하게 생긴 입체경을 통해 보면 3차원 이미지로 보인다.[1] 입체경, 가상 현실, 3D 영화를 비롯한 입체 시각화는 우리의 두 눈이 떨어져 있는 만큼 조금씩 다른 것을 보는, 소위 양안 시차를 인위적으로 조작해 만들어낸 지각 방식이다.

1 풍경을 입체로 보는 시각 체제의 국내 도입과 관련해서 다음을 참조. Myeong-Jun Lee & Jeong-Hann Pae, "Nature as Spectacle: Photographic Representations of Nature in Early Twentieth-Century Korea", *History of Photography 39(4)*, 2015, pp.390~404; 이명준, "일제 식민지기 풍경 사진의 속내", 『환경과조경』 2017년 10월호, pp.32~37.

그림 1
ASLA and DimensionGate, Brooklyn Bridge Park VR, 2018

그림 2
Unknown, Outdoor Life and Sport in Central Park, NY, c.1870

## 사실처럼 그리기

시각 이미지를 이용해 현실과 유사한 경험을 만들고자 하는 욕구는 조경 드로잉에서도 발견된다. 19세기 중후반 조경가는 당대의 최신 기술인 사진을 현장 조사 도구로 활용했고(5장 참조), 사진이 발명되기 이전에는 풍경화 같은 투시도를 그려 대상지에 대한 비전을 사실처럼 그리곤 했다(4장 참조). 조경의 최종 목적이 현실 세계의 경관을 디자인하는 것인 만큼 사실적으로realistic 그려 현실처럼 보여주고자 하는 태도는 어쩌면 당연한, 조경 드로잉의 기본적 역할일지도 모르겠다. 2000년을 전후로 포토샵, 일러스트레이터와 같은

그림 3
신화컨설팅·서안알앤디조경디자인 외, 'Yongsan Park for New Public Relevance', 용산공원 설계 국제공모, 2012

그림 4
Diller Scofidio+Renfro et al., 'Wild Urbanism', 자리아드예 공원 국제 설계공모, 2013

그래픽 소프트웨어의 상용화에 힘입어 현실처럼 보이는 드로잉을 보다 쉽고 빠르게 만들 수 있게 되었다. 손으로 그리는 것이 아니라 현실을 찍은 사진을 재료로 합성하면서 조경 드로잉은 실제를 그린 것처럼 인식될 수 있다(그림 3).

이러한 이미지는 현실 세계를 사실처럼 그린 것일까. 대상과 관련하자면, 그렇지 않다. 드로잉은 디자인된 이후의 세계를 그리기에, 엄밀히 말해 현실이 아니라 디자이너의 머릿속에 존재하는 가상의 세계를 다룬다. 방법과 관련해도 그렇지 않다. 사진을 합성해 만든 조경 드로잉은 정확히 말해 포토 리얼리즘photo-realism, 즉 미래의 경관을 촬영한 '사진처럼' 보이도록 제작된 이미지다. 쉽게 이야기해서 우리에게 사실처럼 보이는 그래픽 이미지는 현실의 경험이 아니라 그것을 찍은 사진, 그것을 보정한 작품 사진처럼 연출된 것이다(그림 4).[2]

2
미디어 이론가 레프 마노비치의 말을 빌리면, "컴퓨터 그래픽이 (거의) 성취해 온 것은 리얼리즘이라기보다는 오히려 포토 리얼리즘인데, 포토 리얼리즘은 우리의 현실에 대한 인식적이고 신체적인 경험이 아니라 오직 사진적 이미지를 모방하는 능력이다." Lev Manovich, *The Language of New Media*, Cambridge, MA: MIT Press, 2001, p.200.

## 포토-페이크

근래에 제작되는 디지털 사진 합성을 이용한 드로잉은 사진 재료를 자르고 다시 조립한다는 점에서 콜라주 기법과 유사한 프로세스를 지닌다(9장 참조). 제임스 코너와 스탠 앨런이 만든 다운스뷰 공원Downsview Park 국제 설계공모의 콜라주는 사진을 자르고 다시 합성하는 과정에서 만들어지는 흔적, 즉 간극spacing을 감추지 않고 부각한다. 그러한 간극, 즉 이미지의 균열 덕택에 감상자는 경관의 역동성을 상상할 수 있다. 이와 다르게 요즘 그래픽 소프트웨어로 만드는 디지털 투시도는 이 간극이 지워지면서 마치 실재하는 경관을 찍은 사진처럼 보이도록 제작되는 경향이 있다.[3] 나는 간극이 제거된 디지털 조경 드로잉을 지칭하기 위해 '포토-페이크photo-fake'라는 용어를 만들었다.[4] 포토-페이크 이미지는 아직 현실에 구축되지 않은 경관이 실재하는 것 마냥 흉내 내는 것이다.

포토-페이크 이미지는 그래픽 소프트웨어의 다양한 명령어를 이용해 한 폭의 회화나 작품 사진처럼 제작된다(그림 5). 우선 간극이 있는 콜라주와 달리 이미지의 프레임을 회화나 사진처럼 사각형으로 만들어 그 안에서 이미지를 만든다. 둘째, 사실처럼 보이도록 소실점을 설정하고 사진 재료를 나열해 이미지의 깊이감을 만들어내는 선형 원근법, 멀리 보이는 사진 재료를 뿌옇게 처리하는 공기 원근법을 두루 활용한다. 셋째, 경관은 배경으로, 사람은 그 배경을 바

3
캐런 맥클로스키는 이러한 콜라주 제작 기법의 변화를 상상적인 '아이디어 투사'에서 사진 사실주의적(photo-realistic) '모사 투사'로 이행했다고 표현한다. Karen M'Closkey, "Structuring Relations: From Montage to Model in Composite Imaging", in *Composite Landscapes: Photomontage and Landscape Architecture*, Charles Waldheim and Andrea Hansen, eds., Ostfildern: Hatje Cantz Verlag, 2014, p.117.

4
이명준, "포토페이크의 조건", 『환경과 조경』 2013년 7월호, pp.82~87; 이명준, *A Historical Critique on 'Photo-fake' Digital Representation in Landscape Architectural Drawing*, 서울대학교 박사 학위 논문, 2017; Myeong-Jun Lee and Jeong-Hann Pae, "Photo-fake Conditions of Digital Landscape Representation", *Visual Communication 17(1)*, 2018, pp.3~23.

그림 5
Diller Scofidio+Renfro et al., 'Wild Urbanism', 자리아드예 공원 국제 설계공모, 2013

라보는 구경꾼으로 처리하는 경향이 있다. 마지막으로, 그러한 이미지는 아직 만들어지지 않은 경관보다 더 리얼하게 감상자에게 인식될 여지가 있다. 이 같은 디지털 이미지에서는 18세기 풍경화식 정원과 19세기 센트럴 파크의 설계 드로잉에 나타났던 특징이 고스란히 등장한다(4, 5장 참조). 손이 아닌 컴퓨터로 처리하고 있을 뿐이다.[5]

5
존 딕슨 헌트의 말을 빌리면, 조경 설계는 어도비 포토샵과 같은 그래픽 소프트웨어의 등장과 함께 "컴퓨터레스크(computeresque)"하게 되었고, 컴퓨터레스크한 것은 "본래의 [18세기] 픽처레스크의 특징"을 지니고 있다. John Dixon Hunt, "Picturesque & the America of William Birch 'The Singular Excellence of Britain for Picture Scenes'", *Studies in the History of Gardens and Designed Landscape 32(1)*, 2012, p.3.

## 포토-페이크의 득과 실

포토-페이크 이미지에는 장점과 한계가 공존한다. 우선 픽처레스크picturesque 미학과 같은 조경의 중요한 관례와 가치를 디지털 시대에 계승하고 있다. 둘째, 그래픽 소프트웨어가 제공하는 다양한 명령어를 잘만 활용한다면 손으로 표현하기 힘든 경관의 역동성과 복잡성, 모호하고 자유로운 속성을 그려낼 수 있다. 셋째, 무엇보다도 사진 같은 이미지는 클라이언트를 비롯한 대중이 쉽게 이해한다.

한계도 있다. 포토-페이크 이미지는 시각 매체이므로 경관의 다감각적 특성, 예를 들어 소리, 냄새, 맛, 촉감을 온전히 구현해낼 수는 없다. 둘째, 포토-페이크 이미지는 그것이 그려낸 경관이 현존한다는 인식을 대중에게 심어주기 쉽다. 물론 요즘 그러한 이미지를 보고 현실을 찍은 사진이라고 생각하는 사람은 많지 않을 것이다. 문제는 이미지의 제작 과정에서 아직 조성되지 않은 경관을 과장하는 경우가 빈번하다는 데 있다. 가장 아름답고 이용이 극대화된 순간, 즉 현실에서는 좀처럼 일어나기 힘든 이상화된ideal 순간을 택해 이미지로 제작하는 경향이 있다.[6] 셋째, 디지털 테크놀로지가 설계 과정에서 디자인 아이디어를 상상하는 데 활용되지 않고 최종 결과물을 그려내는 도구성의 수단으로 이용된다는 것이다. 전체 설계 과정에서 사실적 이미지를 제작하는 데 시간과 노력이 많이 허비되기도 한다.[7] 물론 디지털 투시도는 유용한 의사소통 수단이기에 설계 과정에 반드시 필요한 절차다. 따라서 포토-페이크 이미지는 설계 과정에서 아이디어 생성의 도구로, 설계 아이디어와 비전을 시각화해야 할 것이다(그림 6).

6
Karl Kullmann, "Hyper-realism and Loose-reality: The Limitations of Digital Realism and Alternative Principles in Landscape Design Visualization", *Journal of Landscape Architecture 9(3)*, 2014, p.22.

7
칼 쿨만은 이러한 현상을 두고 "결정론적 디지털 헤게모니가 창조적인 프로세스의 효과를 반감한다"고 지적한다. Karl Kullmann, "Hyper-realism and Loose-reality: The Limitations of Digital Realism and Alternative Principles in Landscape Design Visualization", p.22.

그림 6
West8 · 이로재 외, 'Healing: The Future Park', 용산공원 설계 국제공모, 2012

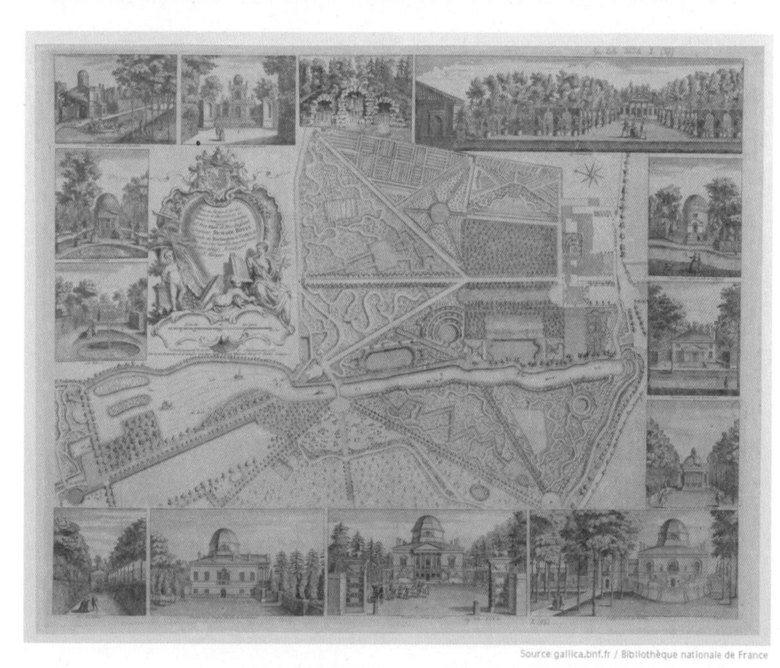

Source gallica.bnf.fr / Bibliothèque nationale de France

그림 7
John Rocque, Plan du Jardin et Vuë des Maisons de Chiswick, 1736

그림 8
Humphry Repton, Blaise Castle, Gloucestershire–A Seat of John Scandrett Harford Esq., 1796

## 움직임 그리기

처음에 언급한 가상 현실 영상이 사실적 이미지를 입체로 보이게 하는 동시에 그것을 움직이게 한다는 사실에도 주목해보자. 사실 같은 이미지를 움직이면 더 현실처럼 느껴진다. 현실 세계의 경관은 끊임없이 움직이기 때문이다. 지금이야 스마트폰 카메라로도 경관의 움직임을 쉽게 담을 수 있지만, 동영상 테크놀로지가 발명되기 전, 즉 19세기 말 이전에는 정지된 이미지에서 움직임의 환영illusion을 만들어내고자 했다. 18세기의 지도 제작자 존 로크John Rocque는 치즈윅 하우스Chiswick House의 평면 주위에 여러 스케치를 그려 넣

8
Giuliana Bruno, *Atlas of Emotion: Journeys in Art, Architecture, and Film*, New York: Verso, 2002, p.180.

9
브루노는 풍경화식 정원에서의 경험을 전 영화적(pre-cinematic) 시각 문화의 형태로 이해한다. 파노라마, 영화, 대도시에 나타난 움직임의 경험이 만들어지기 이전에 풍경화식 정원에서는 감상자의 움직임을 통해 '지리-정신(geopsychic)'의 가능성을 만들어냈던 것이다. Giuliana Bruno, *Atlas of Emotion*, p.194.

**그림 9**
Humphry Repton, Stone-Leigh Abbey in Warwickshire – A Seat of the Revd. Thomas Leigh, 1809.

그림 10
Humphry Repton, Stone-Leigh Abbey in Warwickshire – A Seat of the Revd. Thomas Leigh, 1809.

었다(그림 7). 정원 방문객이 이동하면서 볼 수 있는 풍경을 여러 장 그려 나열한 것이다. 미술, 건축, 영화, 미디어를 두루 연구하는 쥘리아나 브루노Giuliana Bruno는 이 이미지의 구성 방식을 "유동하는 시각을 기록하는 모바일 맵핑mobile mapping: view in flux"이라 부른다.[8]

18세기 풍경화식 정원은 이야기를 펼쳐 놓은 것처럼 그림 같은 여러 공간으로 순차적으로 구성되어 있어, 감상자는 정원을 거닐며 자연스럽게 정원의 이야기와 풍경에 빠져들게 된다. 재미있는 사실은 이러한 이미지 구성 방식이 당시에는 발명되지 않았던 영화의 제작 테크닉과 닮았다는 점이다. 영화가 여러 이미지를 빠르게 보면 만들어지는 잔상 효과를 활용해 하나의 장면을 구성하는 것처럼, 로크의 지도는 정원을 산책하며 보는 풍경을 그리고 나열해 감상자가 정원을 실제로 움직이면서 체험하듯 느끼게 한다.[9]

험프리 렙턴은 『레드북Red Books』에서 설계 이전과 이후 경관의 모습을 대비시키거나 파노라마 형식의 투시도를 제작하면서 조경 드로잉을 보여주는 새로운 테크닉을 고안했다(4장 참조). 여기에 움직임을 불어넣기도 했다. 그림 8은 동굴 안에서 밖으로 빠져나가는 경험을 연출한다. 동굴의 내부는 어둡고 음침하여 햇살이 비치는 바깥 풍경이 궁금해진다. 동굴 그림은 덮개로 만들어져 그것을 들춰내면 아름다운 자연 경관이 펼쳐지고, 감상자는 동굴을 빠져나간 듯한 착각을 하게 된다.[10] 렙턴은 시각 이미지의 시퀀스를 만들기도 했다. 전체 경관을 그린 드로잉을 먼저 제시한 뒤 그 풍경의 부분을 확대한 드로잉을 보여주면서 감상자가 점점 가까이 다가가는 듯한 경험을 만들어냈다(그림 9와 10). 이러한 연출법은 (로크의 테크닉도 그랬듯이) 영화 제작 기법과 흡사하다. 드로잉 한 장 한 장은 그가 디자인한 정원을 거닐면서 촬영한 영상의 스틸컷인 셈이다.[11]

10
André Rogger, *Landscapes of Taste: The Art of Humphry Repton's Red Books*, London: Routledge, 2007, pp.79~80.

11
André Rogger, *Landscapes of Taste*, p.82; 이명준과 배정한, "18~19세기 정원 예술에서 현대적 시각성의 등장과 반영: 픽처레스크 미학과 험프리 렙턴의 시각 매체를 중심으로", 『한국조경학회지』 43(2), 2015, pp.36~37.

## 동영상

최근 유튜브와 인스타그램에서 동영상 콘텐츠의 제작과 소비가 급격히 늘고 있다. 우리가 살아가는 세계는 늘 움직이기에 정지된 이미지보다는 동영상이 현실처럼 느껴지는 건 당연하다. 렙턴의 드로잉에서 보았듯 영상 매체가 발명되기 전에도 조경가는 움직임을 그려내려 했었다. 조경가가 디자인하는 경관도 늘 움직이기 때문이다.

이제 렌더링과 동영상 제작 관련 소프트웨어가 상용화되어 쉽고 빠르게 동영상 제작이 가능하다.[12] 설계공모에서 동영상을 제출하는 경우도 생겼다. 동영상 드로잉은 정지된 드로잉에 소리와 움직임

12
게임 엔진 기반의 트윈모션(Twinmotion), 루미온(Lumion) 등 실시간 렌더링 소프트웨어는 사용자 인터페이스 디자인이 간편해 초보자도 식물, 인공 재료, 조명, 날씨 효과 등을 바로 적용해 확인할 수 있다.

을 보태어 경관을 좀 더 현실과 근접하게 시각화한다. 2013년 개최된 자리아드예 공원 국제 설계공모International Landscape and Architectural Competition for the Design of Zaryadye Park의 1등작인 딜러 스코피디오와 렌프로Diller Scofidio+Renfro의 '와일드 어바니즘Wild Urbanism'은 프레젠테이션 동영상을 짜임새 있고 설득력 있게 연출했다(그림 11). 인간의 눈높이와 공중 뷰의 시점을 적절하게 혼합한 것이 특히 인상적이다. 공간의 특성을 보여줄 때는 인간의 눈높이 시점을 이용하고 한 공간에서 다른 곳으로 이동할 때는 공중 뷰를 이용해 구조물의 표면을 따라가고 때로는 과감하게 관통하면서 랜드폼과 시설물의 형태와 구조, 공원 전체에서 세부 공간들이 차지하는 위계와 관계를 보여준다.[13] 패널을 벗어나 경관 디자인을 새롭게 프레젠테이션하는 이러한 시도가 반갑다.

13
이명준, "조경 설계에서 디지털 드로잉의 기능과 역할", 『한국조경학회지』 46(2), 2018, p.9.

그림 11
Diller Scofidio+Renfro et al., 'Wild Urbanism', 자리아드예 공원 국제 설계공모, 2013

- 11 -

# 모형 만들기

모형은 현실 세계 혹은 설계가의 머릿속에 있는 세계를 축소하거나 확대해 만든 하나의 세계다. 스케치처럼 2차원의 종이에 그려내는 것이 아니라 3차원의 입체로 구축한다는 점에서 공간을 지각하고 이해하기에 유리한 수단이다. 무엇보다 미술 교육을 받지 않은 사람일지라도 간단한 모형은 쉽게 만들 수 있다. 물론 정확한 스케일로 정교한 모형을 제작하는 것은 그림만큼 어렵지만 말이다. 과학기술이 발전하면서 캐드, 스케치업, 라이노, 3ds 맥스 등 여러 3D 모델링 소프트웨어를 이용한 모형 만들기가 이루어지고 있다.

손과 컴퓨터는 모형을 만드는 서로 다른 테크놀로지일 뿐, 중요한 건 모형 만들기가 디자인 과정에서 담당하는 역할이다. 우선, 모형으로 디자인 결과물을 표현할 수 있다. 설계가의 머릿속에 있는 경관을 그대로 본떠 모형으로 옮기는 것이다. 머릿속에 있는 경관이

그림 1
Kathryn Gustafson, Retention Basin and Park, Morbras, 1986

그림 2
Kathryn Gustafson, Model of Retention Basin and Park, Morbras, 1986

아닌 이미 조성된 정원이나 공원을 모형으로 만들 수도 있다. 둘째, 디자인 아이디어를 테스트하고 발전시킬 수 있다. 다이어그램과 스케치만으로 입체를 설명하기 힘들 땐 모형을 만들어 시뮬레이션을 해볼 수 있다. 이러한 결과 모형과 과정 모형은 다른 누군가에게 생각을 전달하는 훌륭한 의사소통 수단이 된다.

### 지형 형태 테스트

프린터 인쇄 설정에서 가로로 긴 포맷을 랜드스케이프 모드landscape mode라고 한다. 이처럼 랜드스케이프는 넓게 펼쳐진 땅을

그림 3
Hargreaves Associates, Sand study model of Candlestick Point Park, 1985~1993

의미한다. 조경가가 디자인하는 대상이 바로 그러한 땅이다. 캐서린 구스타프슨Kathryn Gustafson과 조지 하그리브스George Hargreaves는 아름다운 지형을 디자인하는 대표적인 조경가다. 이들의 작품은 독특하고 유려한 모양의 땅이 인상적이다. 구스타프슨의 작업은 "대지를 조각하고 형상화하는 것"으로, 하그리브스 작업은 큰 규모의 "랜드폼landform을 만드는 대지 예술 작업earthwork"으로 설명되는 이유다.[1]

지형을 디자인하는 과정에서 두 조경가는 모형을 적극 활용했다. 구스타프슨은 점토 모형으로 매끄러운 지형을 스터디하고 석고로 떠냈다(그림 1과 2). 미세하게 조율된 경사 지형은 2차원 드로잉보다 3차원 모형으로 만드는 게 유용했다. 점토 모형은 바로바로 쉽게 모양을 변형해 볼 수 있기 때문이다. 모형은 디자이너의 창작 활동, 클

1
Leah Levy, *Kathryn Gustafson: Sculpting the Land*, Washington, DC: Spacemaker Press, 1998, p.11; Aaron Betsky, "The Long and Winding Path: Kathryn Gustafson Re-Shapes Landscape Architecture", in *Moving Horizons: The Landscape Architecture of Kathryn Gustafson and Partners*, Jane Amidon ed., Basel: Birkhäuser, 2005, pp.7, 10; Karen M'Closkey, *Unearthed: The Landscapes of Hargreaves Associates*, Philadelphia: University of Pennsylvania Press, 2013, pp.12~13.

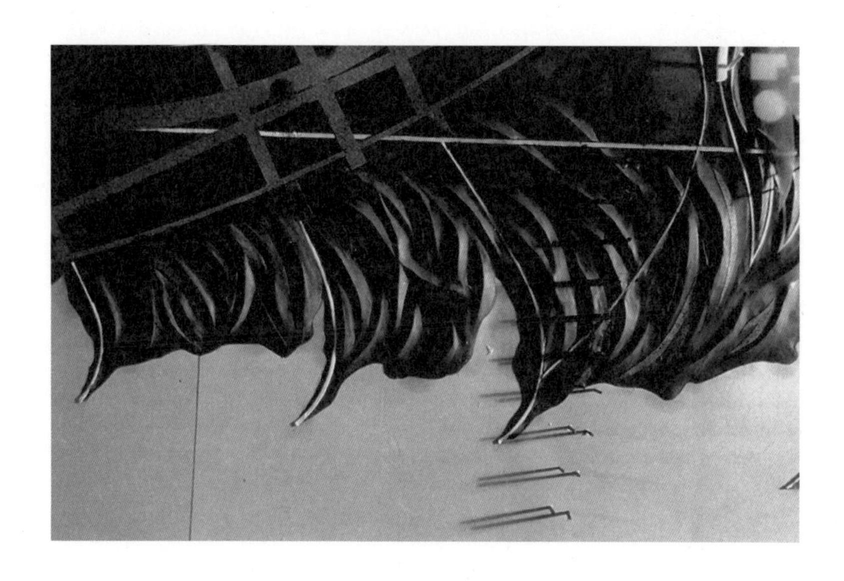

그림 4
Hargreaves Associates, Clay study model of Parque do Tejo e Trancao, Lisbon, 1994

라이언트나 동료와의 의사소통에도 효과적이었다.[2] 하그리브스는 모래를 활용하기도 했다(그림 3). 모래 모형의 안식각은 실제 시공 현장의 자연 안식각과 거의 유사해 '정직한' 스터디 도구로 기능했다. 점토는 유연하고 다루기 쉬우며 가소성이 뛰어나 경사와 교차점 스터디에 활용됐다(그림 4).[3] 두 조경가 모두 모형을 디자인 과정에서 아이디어를 발전시키는 창의적 수단으로 활용했다.

## 초기 컴퓨터 모델링

초기 컴퓨터 모델링은 어땠을까. 그전에 당시 모형 만들기에서 발견되는 컴퓨터 활용 방법을 잠시 언급하고자 한다. 디자인 아이디어를 현실 공간에 구현하기 위해서는 공사 지시 사항을 기록한 시공 도면이 필요했고, 여기에 캐드 소프트웨어가 이용되었다. 점토와 모래 모형은 사진으로 찍힌 후 시공 도면으로 번역되었다. 말하자면 3차원 모형을 2차원의 도면으로 번역하는 데 컴퓨터가 이용된 셈이다. 2000년대 초반까지도 컴퓨터의 이러한 도구적 이용은 계속되었다(7장 참조).

조경에서 컴퓨터 모델링은 설계 과정에서 창의적 아이디어를 생성하기보다 단순히 결과를 그대로 묘사하는 도구로 사용되어 왔다고 지적된다.[4] 모델링은 구조structure를 만들어가는 건축이나 엔지니

2
Jane Amidon, *Moving Horizons: The Landscape Architecture of Kathryn Gustafson and Partners*, pp.24, 29~30.

3
Kirt Rieder, "Modeling, Physical and Virtual", in *Representing Landscape Architecture*, Marc Treib, ed., London: Taylor & Francis, 2008, pp.169, 171~175.

4
Jillian Walliss, Zeneta Hong, Heike Rahmann and Jorg Sieweke, "Pedagogical Foundations: Deploying Digital Techniques in Design/Research Practice", *Journal of Landscape Architecture 9(3)*, 2014, p.72; Jillian Walliss and Heike Rahmann, *Landscape Architecture and Digital Technologies: Re-conceptualising Design and Making*, London: Routledge, 2016, p.vii.

어링 분야에서 중요하게 여겨졌다. 1990년대 건축 설계에서 디지털 테크놀로지를 구조를 생성하는 상상적 도구로 활용하려는 흐름이 있었다. 당시 건축가들은 복잡한 건축 구조와 유려한 곡선의 표면을 디자인하기 위해 디지털 테크놀로지를 적극적으로 활용했다. 건축가 그렉 린Greg Lynn과 피터 아이젠만Peter Eisenman은 철학자 질 들뢰즈Gilles Deleuze의 폴드fold 개념을 응용해 건축 형태의 생성을 실험했다. 건축 형태를 만드는 논리와 방법에서 묘사representation를 제거하고 대신 알고리즘을 채택해 3차원의 복잡한 구조와 곡선형 표면

그림 5
West 8, Sporenburg Bridges, 1998

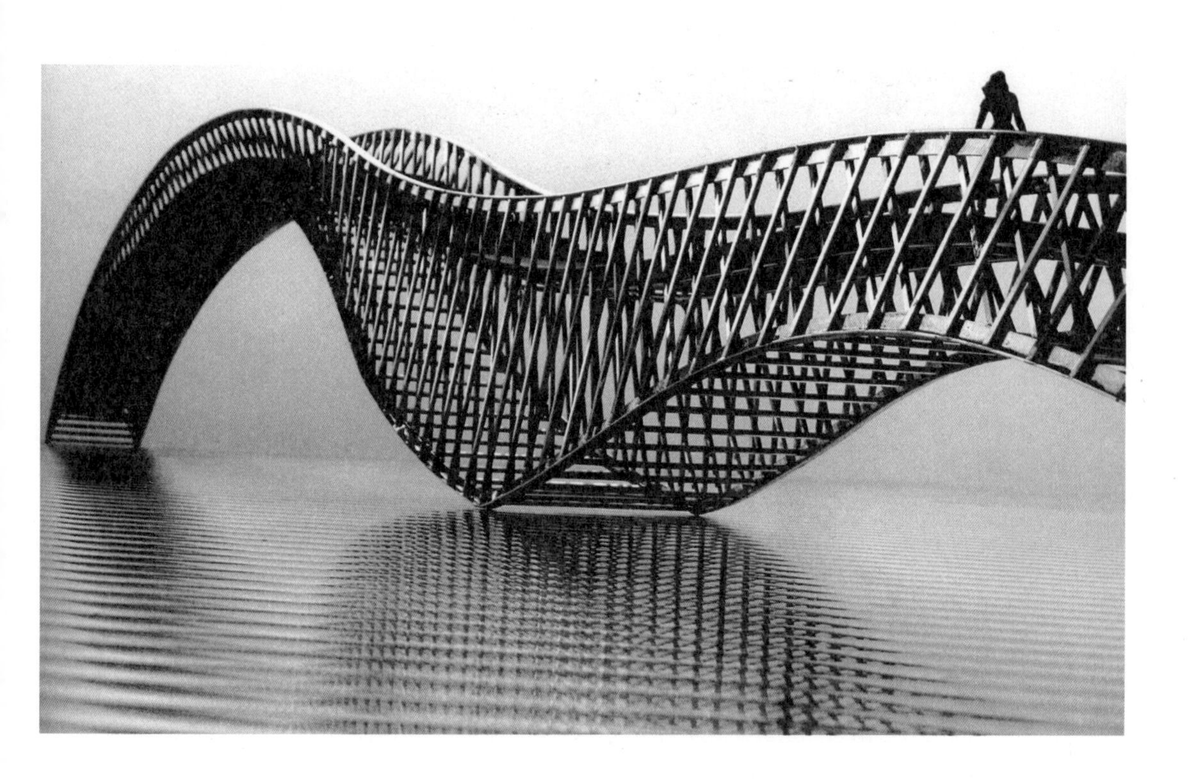

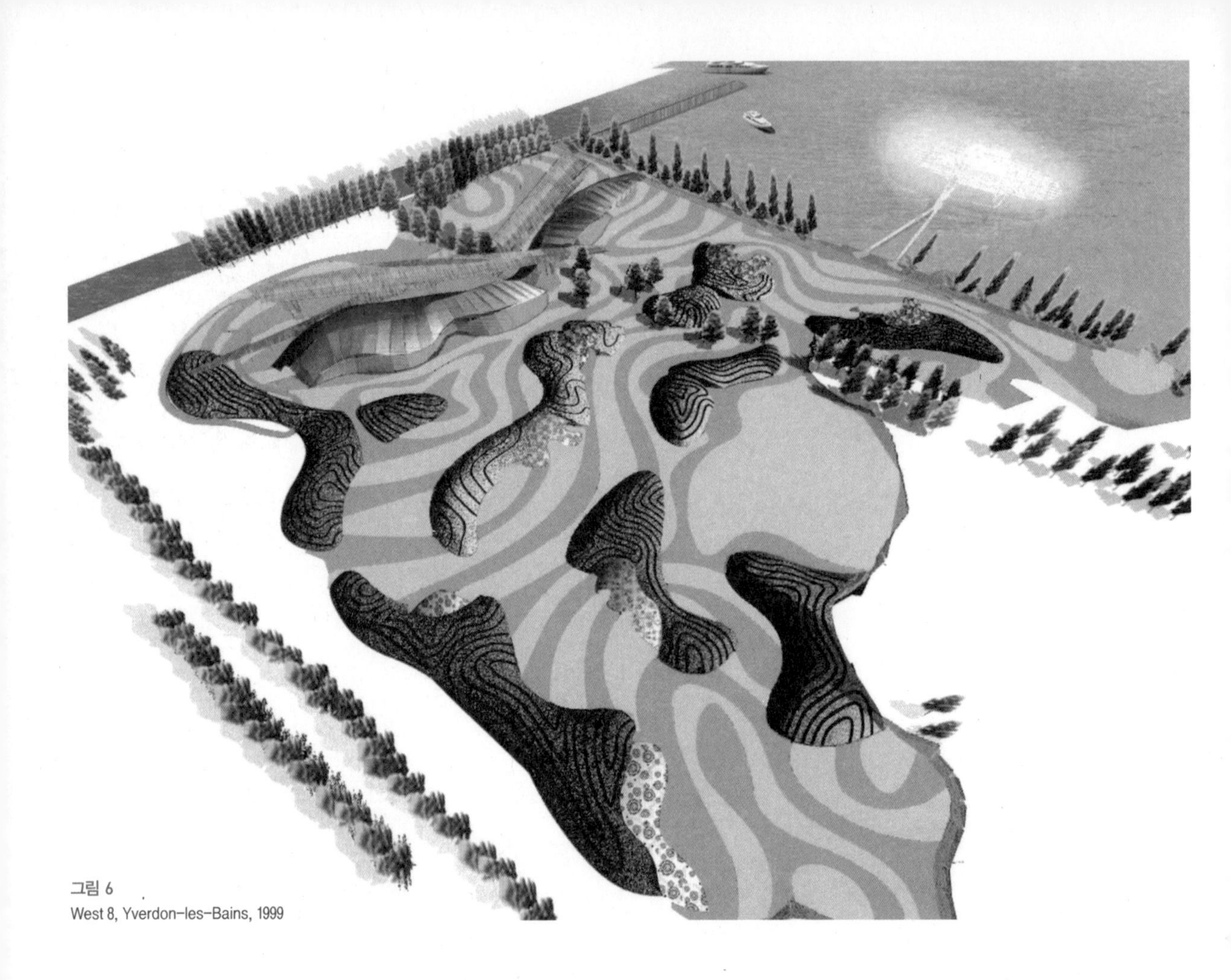

그림 6
West 8, Yverdon-les-Bains, 1999

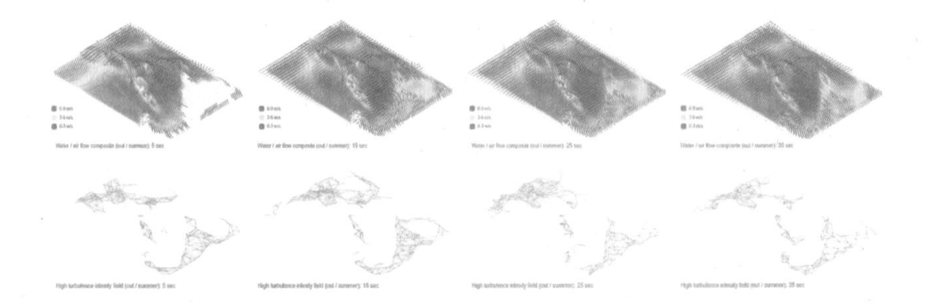

그림 7
PEG Office of landscape+architecture, Water and air flow simulations with resulting turbidity zones, Biscayne Bay, 2012

을 디자인했다.[5]

조경가들도 비슷한 시기에 컴퓨터 모델링을 이용한 형태 만들기를 실험했다. 다만 현실처럼 보이려는 욕망도 여전히 중요했다(10장 참조). 건축이 묘사를 지양했다면, 조경은 묘사의 전통 안에서 형태 만들기를 실험했다(그림 5과 6). 이러한 차이는 조경이 다루는 경관의 특성에서 비롯된다. 상대적 비교지만, 건축이 구조를 만든다면 조경은 구성을 디자인한다. 건축이 층, 벽, 지붕을 체적으로volumetrically 쌓아 올린다면, 조경은 땅의 평면과 정면의 아름다움을 동시에 강조한다(2장 참조). 조경이 다루는 경관은 시간이 흐르면서 끊임없이 다른 옷으로 갈아입는다. 건축 드로잉이 구조의 내부를 꿰뚫어 그린다면, 조경 드로잉은 경관의 그러한 모습, 예를 들어 식물을 비롯한 자연환경의 현상과 풍경을 중요하게 묘사하곤 한다. 벤치, 조명, 교각 등의 구조물을 컴퓨터 모델링으로 디자인했지만, 이 같은 구조물이 주위 환경과 어떻게 어울리는지 보여주는 투시도 렌더링도 여전히 중요했다. 픽처레스크 미학의 전통이 발견되는 셈이다.

5
Rivika Oxman and Robert Oxman, *Theories of the Digital in Architecture*, London: Routledge, 2014, pp.1, 12.

### 경관 기능 시뮬레이션

조경 설계에서는 경관의 겉모습appearance을 사실처럼 그리는 것뿐만 아니라 기능performance을 모델링하려는 실험이 증가하고 있다.

경관은 고정되어 있지 않고 늘 변화한다. 보기에 아름답기도 하지만 생태와 문화적 기능을 지닌다. 변수를 이용한 모델링, 즉 파라메트릭parametric 모델링은 경관 성능의 끊임없는 변화flux를 그릴 수 있다. PEG 오피스PEG office of landscape+architecture는 물과 바람 같은 경관 기능 요소의 힘, 크기, 방향을 점과 선으로 모델링한다(그림 7). 여러 경관 기능 요소들의 관계와 변화를 시각화하는 것이다. 파라메트릭 모델링은 피드백이 가능하기 때문에 양적이면서 질적인 여러 종류의 데이터를 적용해볼 수 있고 결과적으로 "경관의 내재적 활력을 상상하는 가능성"을 제공한다.[6]

컴퓨터 모델링을 설계 결과를 보여주는 데 그치지 않고 설계 과정에서 아이디어를 발전시키는 데 적극적으로 활용하는 시도도 늘고 있다. 2009년 디자인된 오피스박김의 '머드 인프라스트럭처Mud Infrastructure'(양화한강공원)는 설계 초기 생태 성능을 테스트하여 랜드폼의 형태를 만드는 데 라이노를 활용했다.[7] 대상지가 물에 잠겼을 때는 물 순환을 활발하게 해 퇴적물이 과도하게 쌓이지 않게 하는 한편, 새로운 생태 서식지를 만들기 위해 적정량의 퇴적물이 쌓이게 하는 지형 경사와 형태를 계속해서 테스트했다(그림 8과 9). 또한 '당인리 서울복합화력발전소 공원화 설계공모'(2013) 출품작인 '서멀 시티Thermal City'에서는 열적 쾌적성thermal comfort을 시뮬레이션했다. 한국의 온돌 시스템을 응용해 대상지 지하의 온배수를 온돌 랜드폼 아래 파이프로 흐르게 해 대상지의 온도를 조절하는 전략을 썼다.

6
Karen M'Closkey, "Structuring Relations: From Montage to Model in Composite Imaging", in *Composite Landscapes: Photomontage and Landscape Architecture*, Charles Waldheim and Andrea Hansen, eds., Ostfildern: Hatje Cantz Verlag, 2014, pp.126~127.

7
Jillian Walliss and Heike Rahmann, *Landscape Architecture and Digital Technologies*, pp.23~24; 이명준, "조경 설계에서 디지털 드로잉의 기능과 역할", 『한국조경학회지』 46(2), 2018, p.9.

8
Jillian Walliss and Heike Rahmann, *Landscape Architecture and Digital Technologies*, pp.116~117.

온돌 랜드폼의 형태를 설계하고 배치하는 데 시뮬레이션이 이용되었다. 여기서 디자이너는 경관의 형태와 함께 대상지의 미기후도 디자인한다.[8]

그림 8
오피스박김, 머드 인프라스트럭처, 2009

그림 9
오피스박김, 머드 인프라스트럭처 라이노 모델, 2009

## 가공 테크놀로지

시공은 디자인 이후의 과정으로 여겨지곤 한다. 설계안과 시공된 결과물이 다를 경우, 설계와 시공의 괴리라며 비판하기도 한다. 사실 시공은 디자인 과정의 일부다. 재료와 가공fabrication 테크놀로지 없이 설계안을 현실 세계에 만들어낼 수 없다. 질리안 월리스Jillian Walliss와 하이케 라흐만Heike Rahmann은 디자인 과정에서 "예술이라

그림 10
Gustafson Porter, Diana, Princess of Wales Memorial, 2004

그림 11
Gustafson Porter, Diana, Princess of Wales Memorial, 2004

그림 12
Gustafson Porter, Diana, Princess of Wales Memorial, 2004

는 프레임artistic framing"이 특권화되면서 시공 테크놀로지의 역할이 축소되곤 한다고 비판하면서, "창조성creativity은 설계 아이디어 발전, 재료materiality, 시공까지 포괄해 정의"되어야 한다고 주장한다.[9] 예술art에 해당하는 고대 그리스어 테크네techne가 회화, 음악, 조각, 건축과 더불어 여러 제작 기술을 포함했다는 사실에 미루어 보면, 예술은 분명 테크놀로지를 포함하고 있다. 2002년 설계된 구스타프슨 포터Gustafson Porter 사무실의 '다이애나 기념 분수Diana, Princess of

9
같은 책, pp.xx~xxi.

Wales Memorial'는 단순한 링 모양의 석재 분수처럼 보인다(그림 10). 하지만 가까이 가서 보면 그 구조물이 세심하게 디자인된 산물이라는 사실을 알게 된다. 미묘하게 경사가 조절되어 물길이면서 벤치가 되기도 하며, 매끄럽게 손질된 수많은 요철을 따라 물줄기도 잘게 부서져 흐른다(그림 11과 12). 디테일한 분수 시퀀스의 연출은 가공 테크놀로지 없이는 불가능했다. 구스타프슨은 초기 아이디어 구상 단계에서 점토 모형을 빚어 대강의 형태를 디자인하고 석고 모형으로 만든 뒤, 자동차와 항공기 분야의 여러 엔지니어와 협업했기에 분수를 성공적으로 시공할 수 있었다. 여기서 가공 과정은 "디자인 시학poetics을 감소시키지 않고 오히려 디자이너의 창의적 설계안을 현실화하는 필수 프로세스"로 기능한다.[10]

## 보이는 디자인

모더니즘 조경에서 강조되던 순수한 조형적 형태 디자인은 랜드스케이프 어바니즘이 등장한 이후로 프로세스 디자인에 상대적으로 밀리는 경향이 있었다. 정원 설계가 조경 실무와 교육에서 차지하는 비중이 커지면서 보이는visible 디자인이 다시금 주목받고 있다.[11] 2018년 서울정원박람회 작가정원에서는 순수하게 조형적 언어로만 디자인된 정원이 화제가 됐다. 얼라이브어스Aliveus를 이끄는 나

10
같은 책, pp.178~184. 석고 모형에서 GOM 스캐너로 3차원 포인트 클라우드를 생성하여 3차원 캐드 모델로 변환하여 젤리 몰드(jelly mould)로 만든 후 549개의 3차원 블록으로 분리해 구체적 형태를 만들어갔다. 텍스처를 적용해보는 방법도 중요했다. 사진에서 추출한 석재 표면 텍스처를 3ds 맥스로 디지털 모델에 적용해 계속해서 테스트했다. 디지털 모델은 실제로 가공된 뒤 다시 디지털 테크놀로지로 수정해가는 여러 번의 테스트를 거친 후 시공되었다.

11
물론, 프로세스 디자인이 형태를 디자인하지 않았던 것은 아니다. 랜드스케이프 어바니스트는 생태 프로세스를 이용해 형태를 만들어내기도 한다. 오피스박김의 작업은 자연과 도시의 프로세스를 시뮬레이션하여 경관의 형태를 도출하고 있다는 점에서 프로세스 디자인으로 이해할 수 있다.

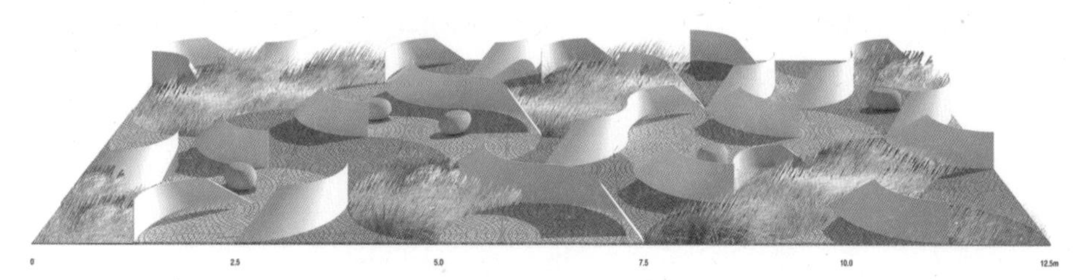

그림 13
나성진, 개인의 피크닉, 2018

12
나성진, "파라메트릭 정원", 『환경과조경』 2019년 1월호, pp.102~107.

성진의 '개인의 피크닉Individual Picnic'이 바로 그 작품이다(그림 13~15). 이 정원은 라이노와 그래스호퍼Grasshopper를 이용한 파라메트릭 모델링으로 만들어졌다.[12] 유려한 곡선형curvilinear 표면을 지닌 구조물과 규칙적이면서 불규칙해 보이는 배열은 그 자체로 우리의 눈을 즐겁게 매혹한다. 한국 조경에서는 좀처럼 찾아보기 힘든 컴퓨터로 생성한computational '보이는' 디자인 작품이다. 나성진은 꾸준히 컴퓨터

그림 14
나성진, 개인의 피크닉, 2018

그림 15
나성진, 개인의 피크닉, 2018

모델링을 통해 손으로 만들기 힘든 조경 시설물을 디자인해왔다. '하이퍼볼릭 핑퐁 가든Hyperbolic Pingpong Garden'에서는 바람을 시뮬레이션하여 유동적인 형태의 그늘막을 제안하기도 했다.[13] 그의 작업에서 컴퓨터 테크놀로지는 경관의 성능을 시뮬레이션하는 도구성의 수단이면서 동시에 아름다운 형태를 생성하는 예술적 상상성의 기능을 수행한다.

13
https://aliveus.net

- 12 -

# 시작하는 조경 디자인

"모방은 창조의 어머니에요." 한 학생이 말한다. 기초 디자인 수업 시간, 아이디어를 내보라고 하니 스마트폰을 만지작거리며 사진만 넘겨보길래 네 아이디어는 무엇이냐 물으니 돌아온 대답이다. 요새 직장에 1990년대생 신입 사원이 들어오면서 이들을 이전 세대와 다르다고 규정하고, 하나의 사회 현상처럼 다루고 있다. 직장에 1990년대생이 왔다면, 강의실에는 2000년대생이 앉아 있다. 핀터레스트와 유튜브의 수많은 이미지와 영상을 스스럼없이 넘겨보며 창조를 위해 모방을 하는 풍경이 처음엔 낯설었다. 돌이켜 보면 모방은 창조의 어머니란 말은 내 학창시절에도 썼던 말이다. 나는 1983년에 태어나 재수로 입학한 03학번이다. '즐'과 '뷁'이라는 말이 유행한 그 시절에도 창조의 어머니는 모방이었다. 유명한 디자이너의 패널 이미지를 외장 하드에 간직하거나 도서관의 최신 국내외 잡지와 작품집을 뒤적이고 포스트잇을 붙여가며 부지런히 이미지를 소비했다. 디자인 프로세스의 사례 조사라는 단계에는 창조 이전의 모방이라는 메커니즘이 은밀히 스며들어 있다. 완전히 새로운 디자인은 없다. 그렇다고 모방이 표절과 동의어는 아니다. 이전의 것들을 보고 배우되 독창적인 아이디어가 있어야 한다. 모바일 사회에서 태어나 자란 요새 친구들은 원하기만 하면 수많은 이미지를 볼 수 있는 생활에 익숙해져 있다. 누구나 좋은 작품의 이미지를 맘껏 소비할 수 있는 플랫폼이 있으니 이미지 소비의 평등이 이루어진 셈이다.

## 사라지는 손 드로잉

달라진 풍경이 또 있다면 손 드로잉 수업이 줄어들었다는 점이다. 내 학창 시절부터 꾸준히 이어져 온 현상이다. 조경 소묘와 조경 구성 수업이 있었지만, 그 이후에 그려본 손 드로잉은 트레이싱지에 끼적인 다이어그램과 기사 실기 시험을 준비하기 위해 그린 사례 도면이 전부다. 최근 4차 산업혁명 시대에 접어들면서 컴퓨터 테크놀로지의 활용이 격려되면서 손 드로잉 수업은 더 축소되고 있는 것 같다. 특히 우리나라 조경학과는 이공계열에 설립된 경우가 많아 나 같은 이과 출신이 손 드로잉에 익숙해지는 건 어렵고 컴퓨터 시대에 적합하지도 않다고 여겨진다. 손 드로잉이 조경 교육에서 반드시 필요하진 않지만 그렇다고 꼭 사라져야 하는지 의구심도 생긴다. 손과 컴퓨터는 서로 다른 특성을 지닌 시각화 테크놀로지일 뿐 그것을 디자인 프로세스에서 어떻게 활용하느냐가 더 중요하다(7장 참조). 조경가는 화가나 그래픽 기술자가 아니라 경관 디자이너다.

## 기본으로 돌아가서

조경 디자인은 땅의 평면 레이아웃과 식재를 포함한 경물의 정면을 동시에 강조하는 특성이 있어서, 평면도와 입단면도 혹은 투시도를 결합한 플라노메트릭planometric이라는 드로잉 형식과 유사하다(2장 참조). 그래도 도면은 2차원 시각화 방식일 뿐이다. 제도와 스케치가 드로잉의 전부는 아니다. 2차원 평면보다는 3차원 모형이 공간 디자인과 더 비슷한 드로잉이다. 사실 평면도, 입단면도, 투시도라는 드로잉 유형은 공간을 디자인하여 현실에 조성하기 이전에 2차원 드로잉 몇 장으로 디자인을 효과적으로 보여주고자 편의상 만들어낸 체계다. 광범위한 규모의 대상지를 다룰 때 제작하는 소축척 모형이 지형·지세를 부감으로 보는 효과를 낸다면, 대상지가 작은 디자인에서 대축척 모형은 공간을 좀 더 세부적으로 보여주는 역할을 한다. 대상지의 크기가 작고 모형이 대축척이 될수록, 쉽게 말해 모형과 현실의 크기가 가까워질수록 모형은 현실과 닮아간다. 실제 재료를 가지고 대상지에 만든 1:1 축척의 모형이 결국 조경 작품이다.

### 순서 바꿔보기

모형은 기초 디자인 교육에서 쉽게 활용할 수 있는 드로잉 도구다. 스케치나 회화에 익숙하지 않은 학생도 모형은 '만들기'로 생각하는지 망설임 없이 시작한다. 대상지가 작을 경우 모형 디자인 도구의 성능은 십분 발휘된다. 등고선을 만들기 위해 폼보드를 이용하기도 하지만 딱딱한 재료 외에 땅의 모양을 자유자재로 주무를 수 있는 부드러운 지점토로 시작하는 것도 좋다. 중요한 건 모형을 디자인 결과가 아닌 과정의 도구로 다루는 것이다. 평면도, 입단면도, 투시도를 그린 다음 모형을 제작하는 대신에 순서를 바꿔, 모형으로 디자인하고 이후 제도drafting를 한다. 2차원이 아니라 3차원으로 시작해보는 것이다. 그래도 2차원 드로잉은 디자인 과정에서 중요한 임무를 담당한다. 다이어그램은 대상지의 현황을 한 번에 파악하고 경관 곳곳에 기능을 부여하여 구역의 관계와 구성을 생각해볼 수 있기에 쓰임새가 있다. 또한 지형의 높낮이를 간단히 그려보면서 구조를 파악할 때 단면도처럼 적절한 드로잉 유형은 없다. 완벽한 평면도, 즉 '마스터' 플랜의 완성에 집착하지 말고 3차원에서 디자인해 보는 것이다. 이유는 단순하다. 공간은 입체이기 때문이다.

그림 1
황진호·손문훤·유배숭, 중국 정원, 혼합 재료 모형, 중국 허베이 지질대학 공공디자인 시스템 1, 2019

그림 2
손야·정로단·반가기, 중국 정원, 혼합 재료 모형, 중국 허베이 지질대학 공공디자인시스템 1, 2019

그림 3
김재헌·이상영, 캠퍼스 광장 1, 혼합 재료 모형, 가천대학교 공간디자인기초실습 2, 2018

그림 4
조수빈·전소희, 캠퍼스 광장 1, 혼합 재료 모형, 가천대학교 공간디자인기초실습 2, 2018

## 스케일과 재료

스케일은 복잡한 숫자가 아니라 공간 크기를 줄였다 늘렸다 하는 척도라는 본연의 기능을 이해하는 것이 중요하다. 모형은 그러한 스케일의 기능을 이해하는 데 유용하다. 사람 모형을 이용하기 때문이다. 평면도, 입단면도, 투시도에 사람을 등장시켜 경관의 크기를 가늠하게 하는 것처럼, 모형에서도 사람은 크기를 가늠하고 디자인하는 훌륭한 스케일 역할을 한다. 벤치와 계단의 높낮이, 보도의 경사를 사람 모형에 맞춰 짐작하고 만들어본다. 평면도에 나온 정확한 숫자는 아닐지라도 공간과 개별 요소의 규모를 상상하기엔 좋은 도구다. 물론 공간의 크기를 가늠하려면 나와 동일시되는 사람 모형의 크기가 클수록 좋다. 하지만 시설물 이외의 조경 디자인에 그렇게 큰 크기의 사람 모형을 이용하는 일은 드물다. 작은 대상지를 1:50, 1:100 정도의 스케일에서 테스트하면 괜찮다(그림 1, 2).

어느 정도 형태가 드러나면 옷을 입혀보는 것도 재밌다. 랜드폼의 형태가 중요하면 조금만 꾸미는 게 좋지만 기초 디자인 단계에서 직접 조경 재료를 찾아 적용해보는 건 중요한 경험이다. 경관은 늘 변화한다. 밤과 낮, 봄 여름 가을 겨울, 그리고 더 긴 시간을 견디며 매 순간 다른 모습을 보여준다. 학생들은 저마다 모형으로 만들어낼 한 순간을 상상한다. 누군가는 낙엽을 쓸어와 모형에 가을의 정취를 연출한다. 또 누군가는 앙상한 나뭇가지를 주워와 노끈으로 돌

그림 5
오지우·김승택, 캠퍼스 광장 2, 혼합 재료 모형, 가천대학교 공간디자인기초실습 2, 2018

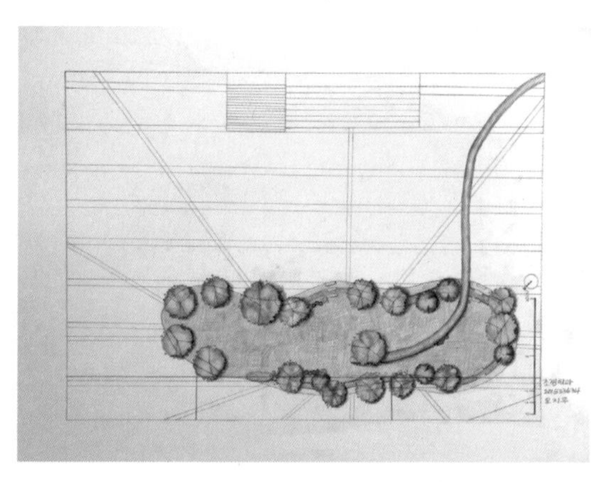

그림 6
오지우, 캠퍼스 광장 2, 평면도, 가천대학교 공간디자인기초실습 2, 2018

그림 7
최하은, 캠퍼스 광장 2, 혼합 재료 모형, 가천대학교 공간디자인기초실습 2, 2018.

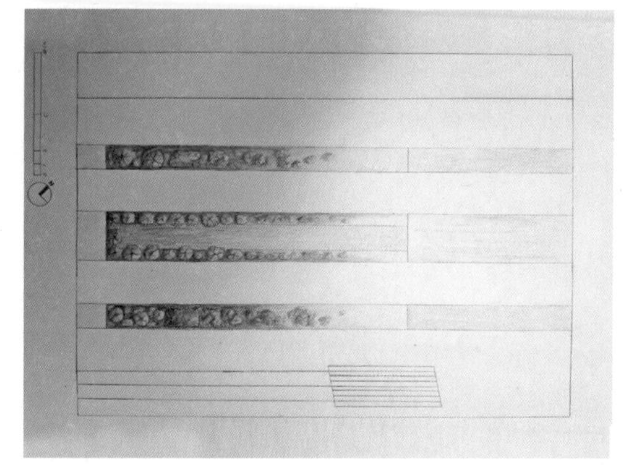

그림 8
최하은, 캠퍼스 광장 2, 평면도, 가천대학교 공간디자인기초실습 2, 2018.

돌 말아 따뜻한 겨울 옷을 입힌다(그림 3). 캠퍼스 어딘가에서 이끼를 떠와 모형에 이식하고선 "이끼 냄새가 좋아"라고 말하는 친구도 있었다, 뿌듯했다(그림 4). 모형 제품을 구입해도 상관없지만 주변에 있는 자연 재료와 인공 재료를 재활용해보는 경험은 필요하다. 모형이 완성되면 평면도를 그린다(그림 5, 6, 7, 8). 모형을 위에서 바라보면 탑뷰이므로 사진으로 찍어 원하는 크기로 인쇄해 그대로 따라 그리면, 바로 평면도가 된다.

## 시작하는 조경가

손으로 만드는 모형은 컴퓨터 드로잉과 다른 방법이 아니라 유사한 과정을 거친다. 컴퓨터 소프트웨어를 이용한 디자인에서도 3차원과 2차원을 자유롭게 오가면서 아이디어를 발전시킨다. 모니터 안에서 모형을 꺼내 우리 앞에서 직접 주물러보면서 즉물성을 체험하는 것이 모형 만들기의 묘미가 아닐까 싶다. 손과 컴퓨터를 자유롭게 오가는 것이 바람직하겠지만, 컴퓨터 소프트웨어를 배우기 이전에 모형을 이용해 디자인하는 것은 조경 디자인에 필요한 기초 지식, 즉 스케일, 재료, 디자인 과정, 2차원 도면과 3차원 공간의 관계를 이해하는 좋은 훈련이 된다.

모형 만들기는 컴퓨터 게임과 닮았다. 정원과 도시를 만드는 게임은 기본적으로 3차원의 가상 공간에 여러 자연, 도시의 요소를 배치하고 심으면서 공간을 만들어간다. 최근 인기를 끄는 실시간 렌더링 소프트웨어는 게임의 속성을 빌려와 디자인되었기 때문에 그러한 미디어 문화에 친숙한 이들 사이에 금방 침투할 수 있었다.[1] 또한 요즘 세대는 컴퓨터와 모바일의 디지털 문화에만 친밀한 것이 아니라 피규어와 인형을 비롯한 물리적 매체도 좋아해 모형 만들기를 즐기기도 한다. 무엇보다 모형은 평면의 구성과 정면의 모습을 동시에 강조하는 조경 디자인의 속성을 가장 잘 보여준다. 위에서plan, 앞에서elevation, 비스듬하게perspective 시점을 요리조리 돌려가면서 내가 디자인한 경관을 시뮬레이션한다. 시작하는 조경 디자인 교육[2]에서 모형은 흥미로운 도구가 된다.

1
물론, 조경 디자이너는 컴퓨터 게임에서처럼 이미 디자인된 시설물을 배치하는 것을 넘어서 손수 디자인할 줄 알아야 한다.

2
우리는 기초라는 말에 인색한 경향이 있다. 아직 수준에 이르지 못했다는 의미를 지니고 있기 때문일 것이다. 요새는 조경 교육에서 기초가 참 중요하다는 생각이 든다. 조경에 대한 사회적 인식이 박한 현실에서 조경을 아직 알지 못하는 사람들과 어떤 공부를 시작해야 할지를 고민하는 것은 참 즐거운 일이다. 시작이란 말에 담긴 기대감을 실어 '시작하는 조경 디자인'으로 적었다.

| 책을 마치며 |

이 책은 현재를 비평하기 위해 과거라는 역사를 소환하는 방식을 취했다. 오래된 드로잉의 비중이 컸던 이유는 조경 교육에서 역사가 도외시되고 컴퓨터 소프트웨어가 지배적이라 손 드로잉의 맛이라는 것을 경험조차하기 힘든 요즈음, 먼지에 덮인 옛 드로잉이 현재의 디자인 실무, 이론, 교육에 주는 교훈이 크다고 믿기 때문이다. 옛 드로잉은 처음부터 오래된 것이 아니라 당시에는 최신 기술이 집적된 산물이었다.

르 노트르가 그린 여러 평면도는 당대 최신 측량 기술의 도움을 받았고, 옴스테드의 센트럴 파크 디자인에는 막 발명된 사진 테크놀로지가 활용되었으며, 맥하그는 컴퓨터와 항공 기술을 경관 계획에 도입하고자 노력했다. 지금도 조경 디자인에는 최신 분석, 모델링, 시뮬레이션, 그래픽, 시공 기술이 이용되고 있다. 지금 이 순간도

머지않아 먼지가 쌓여 역사가 될 것이다. 여러 드로잉 유형과 다이어그램에 나타나는 테크닉들이, 사진과 다양한 컴퓨터 소프트웨어 등의 기술을 디자인에 활용하는 방식들이 과거와 현재에 공명하는 양상을 살펴보며, 이제 우리가 어떻게 '그려나가야' 할지 그 태도를 고민하고 싶었다.

최근 조경 디자인에는 다양하고 방대한 경관 데이터를 면밀히 리서치하여 광역 경관을 계획하고 디자인하는 전략이 부각되고 동시에 조경 공간의 디자인 정체성을 만드는 창의적 아이디어도 중요해지고 있다. 또한 경관의 장기적인 성장 프로세스를 합리적으로 계획하면서 그러한 경관의 형태를 아름답게 디자인하는 전략도 함께 요구되고 있다. 책의 시작에서 나는 렙턴이 자신을 측량사이면서 화가로 그려낸 드로잉을 설명하면서 조경(혹은 조경가), 그리고 조경 드로잉의 양가적 특성인 '과학적 도구성'과 '예술적 상상성'에 대해 말했다. 그 상반된 두 특성을 늘 함께 고려하는 것이 조경의 숙명이자 조경 디자인의 현재와 미래에 우리가 대처하는 가장 현명한 자세라고 생각한다.

## | 참고 문헌 |


- Aaron Betsky, "The Long and Winding Path: Kathryn Gustafson Re-Shapes Landscape Architecture", in *Moving Horizons: The Landscape Architecture of Kathryn Gustafson and Partners*, Jane Amidon ed., Basel: Birkhäuser, 2005.
- Adriaan Geuze, "Introduction", in *West 8*, Luca Molinari, ed., Milano: Skira Architecture Library, 2000.
- Alison B. Hirsch, "Introduction: the Landscape Imagination in Theory, Method, and Action", in *The Landscape Imagination: Collected Essays of James Corner 1990–2010*, James Corner and Alison B. Hirsch, eds., New York: Princeton Architectural Press, 2014.
- Alison B. Hirsch, "Scoring the Participatory City: Lawrence (&Anna) Halprin's Take Part Process", *Journal of Architectural Education 64(2)*, 2011.
- Allen S. Weiss, "Dematerialization and Iconoclasm: Baroque Azure", in *Unnatural Horizons: Paradox & Contradiction in Landscape Architecture*, New York: Princeton Architectural Press, 1998.
- Allen S. Weiss, *Mirrors of Infinity: The French Formal Garden and 17th-Century Metaphysics*, New York: Princeton Architectural Press, 1995.
- André Rogger, *Landscapes of Taste: The Art of Humphry Repton's Red Books*, London: Routledge, 2007.
- Andrea Hansen, "Datascapes: Maps and Diagrams as Landscape Agents," in *Representing Landscapes: Digital*, Nadia Amoroso, ed., London: Routledge, 2015.
- Anette Freytag, "Back to Form: Landscape Architecture and Representation in Europe after the Sixties", in *Composite Landscapes: Photomontage and Landscape Architecture*, Charles Waldheim and Andrea Hansen, eds., Ostfildern: Hatje Cantz Verlag, 2014.
- Angela Tinwell et al., "Facial Expression of Emotion and Perception of the Uncanny Valley in Virtual Characters", *Computers in Human Behavior 27*, 2011.
- Anne Whiston Spirn, "Ian McHarg, Landscape Architecture, and Environmentalism: Ideas and Methods in Context", in *Environmentalism in Landscape Architecture*, Michel Conan, ed., Washington, DC: Dumbarton Oaks Research Library and Collection, 2000.
- Antoine Picon, "Substance and Structure II: The Digital Culture of Landscape Architecture", *Harvard Design Magazine 36*, 2013.
- Arthur J. Kulak, "Prospect: The Case for CADD", *Landscape Architecture 75(4)*, 1985.
- Bruce G. Sarky, "Confessions of a Computer Convert", *Landscape Architecture 78(5)*, 1988.
- Carl Steinitz, Paul Parker, and Lawrie Jordan, "Hand drawn Overlays: Their History and Prospective Uses", *Landscape Architecture 66*, 1976.
- Charles E. Beveridge and David Schuyler, eds., *The Papers of Frederick Law Olmsted: Volume III, Creating Central Park 1857-1861*, Baltimore: The Johns Hopkins University Press, 1983.
- Charles E. Beveridge and Paul Rocheleau, *Frederick Law Olmsted: Designing the American Landscape*, New York: Rizzoli International Publications, 1995.
- Charles Waldheim, "Landscape as Architecture", *Studies in the History of Gardens & Designed Landscapes 34(3)*, 2014.
- Charles Waldheim, *Landscape as Urbanism*, Princeton University Press, 2016.
- Charles William Eliot, *Charles Eliot, Landscape Architect*, Boston: Houghton Mifflin, 1902.
- Christopher Marcinkoski, "Chunking Landscapes", in *Representing Landscapes: Digital*, Nadia Amoroso, ed., London: Routledge, 2015.
- D. R. Edward Wright, "Some Medici Gardens of the Florentine

Renaissance: An Essay in Post-Aesthetic Interpretation", in *The Italian Garden: Art, Design and Culture*, John Dixon Hunt, ed., Cambridge: Cambridge University Press, 1996.

- Dorothée Imbert, "Skewed Realities: The Garden and the Axonometric Drawing", in *Representing Landscape Architecture*, Marc Treib, ed., London: Taylor & Francis, 2008.
- Dorothée Imbert, "The Art of Social Landscape Design", in *Garrett Eckbo: Modern Landscapes for Living*, Marc Treib and Dorothée Imbert, eds., Berkeley: University of California Press, 1997.
- Elizabeth K. Meyer, "The Post-Earth Day Conundrum: Translating Environmental Values into Landscape Design", in *Environmentalism in Landscape Architecture*, Michel Conan, ed., Washington, DC: Dumbarton Oaks Research Library and Collection, 2000.
- Elke Mertens, *Visualizing Landscape Architecture*, Basel: Birkhäuser, 2010.
- Erik de Jong, "Landscapes of the Imagination", in *Landscapes of the Imagination: Designing the European Tradition of Garden and Landscape Architecture 1600-2000*, Erik de Jong, Michel Lafaille and Christian Bertram, eds., Rotterdam: NAi Publishers, 2008.
- F. Hamilton Hazelehurst, *Gardens of Illusion: The Genius of André Le Nostre*, Nashiville: Vanderbilt University Press, 1980.
- Frederick Steiner, "Revealing the Genius of the Place: Methods and Techniques for Ecological Planning", in *To Heal the Earth: Selected Writings of Ian L. McHarg*, Ian L. McHarg and Frederick Steiner, eds., Washington, DC: Island Press, 1998.
- Georges Farhat, "Optical Instrumenta[liza]tion and Modernity at Versailles: From Measuring the Earth to Leveling in French Seventeenth-Century Gardens", in *Technology and the Garden*, Michael G. Lee and Kenneth I. Helphand, eds., Washing DC: Dumbarton Oaks Research Library and Collection, 2014.
- Georgio Vasari, "Niccolò, Called Tribolo", in *Lives of the Most Eminent Painters, Sculptors & Architects: Volume VII, Tribolo to Il Sodoma*, Gaston du C. De Vere, trans., London: Philip Lee Warner, Publisher to the Medici Society, 1914.
- Giuliana Bruno, *Atlas of Emotion: Journeys in Art, Architecture, and Film*, New York: Verso, 2002.
- Hyung Min Pai, *The Portfolio and the Diagram: Architecture, Discourse, and Modernity in America*, Cambridge, MA: The MIT Press, 2002.
- Ian L. McHarg, *A Quest for Life: An Autobiography*, New York: John Wiley & Sons, 1996.
- Ian L. McHarg, Arthur H. Johnson, and Jonathan Berger, "A Case Study in Ecological Planning: The Woodlands, Texas", in *To Heal the Earth: Selected Writings of Ian L. McHarg*, Ian L. McHarg and Frederick Steiner, eds., Washington, DC: Island Press, 1998.
- Ian L. McHarg, *Design with Nature*, New York: Natural History Press, 1969.
- Isabelle Auricoste, "The Manner of Yves Brunier", in *Yves Brunier: Landscape Architect*, Michel Jacques, ed., Basel: Birkhäuser, 1996.
- Jacqueline Tyrwhitt, "Surveys for Planning", in *Town and Country Planning Textbook,* APRR, ed., London: The Architectural Press, 1950.
- James Corner and Alex S. MacLean, *Taking Measures Across the American Landscape*, New Haven and London: Yale University Press, 1996.
- James Corner and Alison Bick Hirsch, eds., *The Landscape Imagination: Collected Essays of James Corner 1990-2010*, New York: Princeton Architectural Press, 2014.
- James Corner and Stan Allen, "Emergent Ecologies", in *Downsview Park Toronto*, Julia Czerniak, ed., Munich: Prestel Verlag, 2001.
- James Corner, "Aerial Representation and the Making of Landscape", in *Taking Measures Across the American Landscape*, New Haven and London: Yale University Press, 1996.
- James Corner, "Eidetic Operations and New Landscapes", in

*Recovering Landscape: Essays in Contemporary Landscape Architecture*, James Corner, ed., New York: Princeton Architectural Press, 1999.

- James Corner, "Representation and Landscape: Drawing and Making in the Landscape Medium", *Word & Image: A Journal of Verbal/Visual Enquiry 8(3)*, 1992.
- James Corner, "The Agency of Mapping: Speculation, Critique and Invention", in *Mappings*, Denis Cosgrove, ed., London: Reaktion Books, 1999.
- James Palmer and Erich Buhmann. "A Status Report on Computers", *Landscape Architecture 84(7)*, 1994.
- James S. Ackerman, "The Conventions and Rhetoric of Architectural Drawing", in *Origins, Imitation, Conventions: Representation in the Visual Arts*, James S. Ackerman, ed., Cambridge, MA: MIT Press, 2002.
- James S. Ackerman, "The Photographic Picturesque", in *Composite Landscapes: Photomontage and Landscape Architecture*, Charles Waldheim and Andrea Hansen, eds., Ostfildern: Hatje Cantz, 2014.
- Jane Amidon, *Moving Horizons: The Landscape Architecture of Kathryn Gustafson and Partners*, Jane Amidon ed., Basel: Birkhäuser, 2005.
- Jillian Walliss and Heike Rahmann, *Landscape Architecture and Digital Technologies: Re-conceptualising Design and Making*, London: Routledge, 2016.
- Jillian Walliss, Zeneta Hong, Heike Rahmann and Jorg Sieweke, "Pedagogical Foundations: Deploying Digital Techniques in Design/Research Practice", *Journal of Landscape Architecture 9(3)*, 2014.
- John Dixon Hunt, "Picturesque & the America of William Birch 'The Singular Excellence of Britain for Picture Scenes'", *Studies in the History of Gardens and Designed Landscape 32(1)*, 2012.
- John Dixon Hunt, *Gardens and the Picturesque: Studies in the History of Landscape Architecture*, Cambridge, MA: MIT Press, 1992.
- John Dixon Hunt, *Greater Perfections: The Practice of Garden Theory*, Philadelphia: University of Pennsylvania Press, 2000.
- John Dixon Hunt, *The Figure in the Landscape: Poetry, Painting, and Gardening during the Eighteenth Century*, Baltimore: The Johns Hopkins University Press, 1989.
- Joseph Disponzio, "Landscape Architecture/ure: A Brief Account of Origins", *Studies in the History of Gardens & Designed Landscapes 34(3)*, 2014.
- Karen M'Closkey, "Structuring Relations: From Montage to Model in Composite Imaging", in *Composite Landscapes: Photomontage and Landscape Architecture*, Charles Waldheim and Andrea Hansen eds., Ostfildern: Hatje Cantz Verlag, 2014.
- Karen M'Closkey, *Unearthed: The Landscapes of Hargreaves Associates*, Philadelphia: University of Pennsylvania Press, 2013.
- Karl Kullmann, "Hyper-realism and Loose-reality: The Limitations of Digital Realism and Alternative Principles in Landscape Design Visualization", *Journal of Landscape Architecture 9(3)*, 2014.
- Kirt Rieder, "Modeling, Physical and Virtual", in *Representing Landscape Architecture*, Marc Treib, ed., London: Taylor & Francis, 2008.
- Landscape Architecture Research Office, Graduate School of Design, Harvard University, *Three Approaches to Environmental Resource Analysis*, Washington, D.C.: The Conservation Foundation, 1967.
- Laurie Olin, "More than Wriggling Your Wrist (or Your Mouse): Thinking, Seeing, and Drawing", in *Drawing/Thinking: Confronting an Electronic Age*, Marc Treib, ed., London: Routledge, 2008.
- Leah Levy, *Kathryn Gustafson: Sculpting the Land*, Washington, DC: Spacemaker Press, 1998.
- Lev Manovich, *Software Takes Command*, New York: Bloomsbury Academic, 2013.
- Lev Manovich, *The Language of New Media*, Cambridge, MA: MIT Press, 2001.

- Lolly Tai, "Assessing the Impact of Computer Use on Landscape Architecture Professional Practice: Efficiency, Effectiveness, and Design Creativity", *Landscape Journal 22(2)*, 2003.
- Marc Treib, "Introduction", in *Drawing/Thinking: Confronting an Electronic Age*, Marc Treib, ed., London: Routledge, 2008.
- Marc Treib, "Introduction", in *Representing Landscape Architecture*, Marc Treib, ed., London: Taylor & Francis, 2008.
- Margot Lystra, "McHarg's Entropy, Halprin's Chance: Representations of Cybernetic Change in 1960s Landscape Architecture", *Studies in the History of Gardens & Designed Landscapes 34(1)*, 2014.
- Mark R. Stoll, *Inherit the Holy Mountain: Religion and the Rise of American Environmentalism*, New York: Oxford University Press, 2015.
- Mark Treib, "On Plans", in *Representing Landscape Architecture*, Marc Treib, ed., London: Taylor & Francis, 2008.
- Morrison H. Heckscher, *Creating Central Park*, New York: The Metropolitan Museum of Art, 2008.
- Myeong-Jun Lee & Jeong-Hann Pae, "Nature as Spectacle: Photographic Representations of Nature in Early Twentieth-Century Korea", *History of Photography 39(4)*, 2015.
- Myeong-Jun Lee and Jeong-Hann Pae, "Photo-fake Conditions of Digital Landscape Representation", *Visual Communication 17(1)*, 2018.
- Nadia Amoroso, "Representations of the Landscapes via the Digital: Drawing Types", in *Representing Landscapes: Digital*, Nadia Amoroso, ed., London: Routledge, 2015.
- Nick Chrisman, *Charting the Unknown: How Computer Mapping at Harvard Became GIS*, Redlands, CA: ESRI Press, 2006.
- Odile Fillion, "A Conversation with Rem Koolhaas", in *Yves Brunier: Landscape Architect*, Michel Jacques, ed., Basel: Birkhäuser, 1996.
- Paul F. Anderson, "Stats on Computer Use", *Landscape Architecture 74(6)*, 1984.
- Raffaella Fabiani Giannetto, *Medici Gardens: From Making to Design*, Philadelphia: University of Pennsylvania Press, 2008.
- Richard Weller, "An Art of Instrumentality: Thinking through Landscape Urbanism", in *the Landscape Urbanism Reader*, New York: Princeton Architectural Press, 2006.
- Richard Weller and Meghan Talarowski, eds., *Transacts: 100 Years of Landscape Architecture and Regional Planning at the School of Design of the University of Pennsylvania*, San Francisco: Applied Research and Design Publishing, 2014.
- Rivika Oxman and Robert Oxman, *Theories of the Digital in Architecture*, London: Routledge, 2014.
- Robert D. Yaro, "Foreword", in *To Heal the Earth: Selected Writings of Ian L. McHarg*, Ian L. McHarg and Frederick Steiner, eds., Washington, DC: Island Press, 1998.
- Roberto Rovira, "The Site Plan is Dead: Long Live the Site Plan", in *Representing Landscape: Digital*, Nadia Amoroso, ed., London: Routledge, 2015.
- Sara Cedar Miller, *Central Park, an American Masterpiece: A Comprehensive History of the Nation's First Urban Park*, New York: Abrams, 2003.
- Susan Herrington, "The Nature of Ian McHarg's Science", *Landscape Journal 29(1)*, 2010.
- Thomas Hedin, "Tessin in the Gardens of Versailles in 1687", *Konsthistorisk tidskrift/Journal of Art History 71(1~2)*, 2003.
- Thorbjörn Andersson, "From Paper to Park", in *Representing Landscape Architecture*, Marc Treib, ed., London and New York: Taylor & Francis, 2008.
- Timothy Davis, "The Bronx River Parkway and Photography as an Instrument of Landscape Reform", *Studies in the History of Gardens & Designed Landscapes 27(2)*, 2007.
- Wallace, McHarg, Roberts, and Todd, "An Ecological Planning Study for Wilmington and Dover, Vermont", in *To Heal the Earth: Selected*

*Writings of Ian L. McHarg*. Ian L. McHarg and Frederick Steiner, eds., Washington, DC: Island Press, 1998.
- Warren T. Byrd, Jr. and Susan S. Nelson, "On Drawing", *Landscape Architecture 75(4)*, 1985.
- William Hogarth, *The Analysis of Beauty*, Ronald Paulson, ed., New Haven: Yale University Press, 1997.
- Yves Brunier, "Museumpark at Rotterdam", in *Yves Brunier: Landscape Architect*, Birkhäuser, 1996.

- E. H. 곰브리치, 차미례 역, 『예술과 환영: 회화적 재현의 심리학적 연구』, 열화당, 2003.
- 나성진, "파라메트릭 정원", 『환경과조경』 2019년 1월호, 2019.
- 리처드 웰러, "수단성의 기술: 랜드스케이프 어바니즘을 통해 생각하기", 『랜드스케이프 어바니즘』, 찰스 왈드하임 외, 김영민 역, 도서출판 조경, 2007.
- 배정한, "현대 조경설계의 전략적 매체로서 다이어그램에 관한 연구", 『한국조경학회지』 34(2), 2006.
- 우성백, 『전문 분야로서 조경의 명칭과 정체성 연구』, 서울대학교 석사 학위 논문, 2017.
- 이명준, *A Historical Critique on 'Photo-fake' Digital Representation in Landscape Architectural Drawing*, 서울대학교 박사 학위 논문, 2017.
- 이명준, "일제 식민지기 풍경 사진의 속내", 『환경과조경』 2017년 10월호, 2017.
- 이명준, "제임스 코너의 재현 이론과 실천: 조경 드로잉의 특성과 역할", 『한국조경학회지』 45(4), 2017.
- 이명준, "조경 설계에서 디지털 드로잉의 기능과 역할", 『한국조경학회지』 46(2), 2018.
- 이명준, "포토페이크의 조건", 『환경과조경』 2013년 7월호, 2013.
- 이명준·배정한, "18~19세기 정원 예술에서 현대적 시각성의 등장과 반영: 픽처레스크 미학과 험프리 렙턴의 시각 매체를 중심으로", 『한국조경학회지』 43(2), 2015.
- 이명준·배정한, "숭고의 개념에 기초한 포스트 인더스트리얼 공원의 미학적 해석", 『한국조경학회지』 40(4), 2012.
- 장용순, 『현대 건축의 철학적 모험: 01 위상학』, 미메시스, 2010.
- 정욱주·제임스 코너, "프레쉬 킬스 공원 조경설계", 『한국조경학회지』 33(1), 2005.
- 조경진, "환경설계방법으로서의 맵핑에 관한 연구", 『공공디자인학연구』 1(2), 2006.
- 찰스 왈드하임, 배정한·심지수 역, 『경관이 만드는 도시: 랜드스케이프 어바니즘의 이론과 실천』, 도서출판 한숲, 2018.
- 황기원, 『경관의 해석: 그 아름다움의 앎』, 서울대학교 출판문화원, 2011.

## | 자료 출처 |

### 1장 _ 드로잉, 도구와 상상을 품다

그림 1. Digital Collections, University of Wisconsin-Madison Libraries (http://digital.library.wisc.edu/1711.dl/DLDecArts.ReptonSketches)

그림 3. Erik de Jong, *Landscapes of the Imagination*, NAi Publishers, 2008, p.9.

그림 5. Charles Waldheim and Andrea Hansen, eds., *Composite Landscapes*, Hatje Cantz Publishers, 2014, p.197.

### 2장 _ 나무를 그리는 방법

그림 1. Magnus Piper via Wikimedia Commons (https://en.wikipedia.org/wiki/Fredrik_Magnus_Piper#/media/File:Pipers_generalplan_Hagaperken_1781.jpg)

그림 2. Matteo Vercelloni, Virgilio Vercelloni, and Paola Gallo, *Inventing the Garden*, Los Angeles: Getty Publications, 2010, p.151.

그림 3. Artdone in galeria gallery, "Rajskie ogrody wiata - galeria I"(https://artdone.wordpress.com/2016/08/02/gardens-of-theworld/#jpcarousel-40555).

### 3장 _ 측정하는 드로잉

그림 1. Raffaella Fabiani Giannetto, *Medici Gardens: From Making to Design*, Philadelphia: University of Pennsylvania Press, 2008, p.151.

그림 2. www.accademiadellacrusca.it/en/pagina-d-entrata

그림 3. http://collection.nationalmuseum.se

그림 4. www.bibliotheque-institutdefrance.fr

그림 5. Google Earth

그림 6. http://collection.nationalmuseum.se

그림 7. https://commons.wikimedia.org/wiki/File:Alphand_Buttes_Chaumont_Courbes_de_niveau.jpg

그림 8. Laurie Olin, "Drawing at Work: Working Drawings, Construction Documents", in *Representing Landscape Architecture*, Marc Treib, ed., London: Taylor & Francis, 2008, p.145.

### 4장 _ 풍경을 그리는 드로잉

그림 2. Susan Weber, ed., *William Kent: Designing Georgian Britain*, New Haven: Yale University Press, 2013, p.397.

그림 3. 2번 책, p.377.

그림 4. http://www.nationaltrustimages.org.uk/image/781546

그림 5. André Rogger, *Landscapes of Taste: The Art of Humphry Repton's Red Books*, London: Routledge, 2007, p.54.

그림 6. https://en.wikipedia.org/wiki/Panorama#/media/File:Panorama_of_London_Barker.jpg

그림 7. 5번 책, p.162.

그림 8. https://archive.org/details/mobot31753002820014

### 5장 _ 첫 조경 드로잉

그림 1. Morrison H. Heckscher, *Creating Central Park*, New York: The Metropolitan Museum of Art, 2008, pp.26~27.

그림 2. 1번 책, p.34.

그림 3. 1번 책, p.32.

그림 4. 1번 책, p.33.

그림 5. www.getty.edu/art/collection/objects/61095/roger-fentonzoological-gardens-regents-park-the-duck-pond-english-1858/

그림 6. https://archive.org/stream/annualreportofbo00newy_10#page/n87/mode/2up

그림 7. 1번 책, p.40.

그림 8. 1번 책, p.26.

그림 9. www.olmsted.org/us-capitol-grounds-washington-dc

#### 6장 _ 설계 전략 그리기

그림 1. Julia Czerniak and George Hargreaves, eds., 배정한+idla 역, 『라지 파크』, 도서출판 조경, 2010, p.124.

그림 2. www.mathurdacunha.com/soak

그림 3, 4. Frederick Law Olmsted, Frederick Law Olmsted Papers: Subject File, 1857-1952; Public Buildings; Washington, DC, United States Capitol; Drawings, Manuscript/Mixed Material, Library of Congress(https://www.loc.gov/item/mss351210421/).

그림 5, 6, 9. UC Berkeley, Environmental Design Archives Garrett Eckbo Collection, 1933-1990, Online Archive of Clifornia(www.oac.cdlib.org/findaid/ark:/13030/tf4290044c/?&brand=calisphere).

그림 7. Dorothée Imbert, "Skewed Realities: The Garden and the Axonometric Drawing", in *Representing Landscape Architecture*, Marc Treib, ed., London: Taylor & Francis, 2008, p.137.

그림 8. 1번 책, p.126.

그림 10. Margot Lystra, "McHarg's Entropy, Halprin's Chance: Representations of Cybernetic Change in 1960s Landscape Architecture", *Studies in the History of Gardens & Designed Landscapes 34(1)*, 2014, p.78.

그림 11. 1번 책, p.41.

#### 7장 _ 손과 컴퓨터

그림 1. Laurie Olin, "More than Wriggling Your Wrist (or Your Mouse): Thinking, Seeing, and Drawing", in *Drawing/Thinking: Confronting an Electronic Age*, Marc Treib, ed., London: Routledge, 2008, p.89.

그림 2. Nadia Amoroso, ed., *Representing Landscapes: Hybrid*, London: Routledge, 2016, p.8.

그림 3. https://www.computerhistory.org/fellowawards/hall/ivan-e-sutherland/

그림 4. James L. Sipes, A. Paul James, and John Mack Roberts, "Digital Details: Tired of Redrawing the Same Old Construction Details? Consider CAD Detail System", *Landscape Architecture 86(8)*, 1996, p.40.

그림 5. Richard Weller and Meghan Talarowski, *Transects: 100 Years of Landscape Architecture and Regional Planning at the School of Design of the University of Pennsylvania*, Applied Research & Design Publishing, 2014, p.90.

그림 6. Nick Chrisman, *Chartingthe Unknown: How Computer Mapping at Harvard Became GIS, Redlands*, CA: ESRI Press, 2006, p.27.

#### 8장 _ 하늘에서 내려다보기

그림 1. http://map.ngii.go.kr

그림 2. https://commons.wikimedia.org/wiki/File:Nadar,_Aerial_view_of_Paris,_1868.jpg

그림 3. https://commons.wikimedia.org/wiki/File:Jacques_Charles_Luftschiff.jpg

그림 4. http://collection.nationalmuseum.se

그림 5. Ian McHarg, *Design with Nature*, New York: Natural History Press, 1969, pp.129~145.

그림 6. Carl Steinitz, Paul Parker and Lawrie Jordan, "Hand-drawn Overlays: Their History and Prospective Uses", *Landscape Architeture 66*, 1976, p.447.

그림 7. Julia Czerniak and George Hargreaves 편, 배정한+idla 역, 『라지 파크』, 도서출판 조경, 2010, p.114.

그림 8. James Corner and Alex S. MacLean, *Taking Measures Across the American Landscape*, New Haven: Yale University Press, 1996, p.83.

#### 9장 _ 새롭게 상상하기

그림 1. Charles Waldheim and Andrea Hansen, eds., *Composite Landscapes: Photomontage and Landscape Architecture*, Ostfildern: Hatje Cantz Verlag, 2014, p.159.

그림 2. 1번 책, p.160.

그림 3. 1번 책, p.110.

그림 4. Udo Weilacher, *Between Landscape Architecture and Land*

*Art*, Basel: Birkhäuser, 1999, p.215.

그림 5. Dieter Kienast, *Kienast Vogt: Open Spaces*, Basel: Birkhäuser, 2000, p.153.

그림 6. James Corner and Alex S. MacLean, *Taking Measures Across the American Landscape*, New Haven: Yale University Press, 1996, p.90.

그림 7. Julia Czerniak, ed., *CASE: Downsview Park Toronto*, Munich: Prestel Verlag, 2001, p.61.

그림 8. Julia Czerniak and George Hargreaves 편, 배정한+idla 역, 『라지 파크』, 도서출판 조경, 2010, p.251.

**10장 _ 현실 같은 드로잉**

그림 1. www.youtube.com/watch?v=nQ2geeXMThl

그림 2. https://commons.wikimedia.org/wiki/File:Outdoor_Life_and_Sport_in_Central_Park,_N.Y,_from_Robert_N._Dennis_collection_of_stereoscopic_views.jpg

그림 7. http://gallica.bnf.fr/ark:/12148/btv1b59732911

그림 8. André Rogger, *Landscapes of Taste: The Art of Humphry Repton's Red Books*, London: Routledge, 2007, p.80.

그림 9~10. 8번 책, p.83.

그림 11. www.youtube.com/watch?v=_Lmx8dwk34U

**11장 _ 모형 만들기**

그림 1. Jane Amidon ed., *Moving Horizons: The Landscape Architecture of Kathryn Gustafson and Partners*, Basel: Birkhäuser, 2005, p.35.

그림 2. 1번 책, p.34.

그림 3~4. Karen M'Closkey, *Unearthed: The Landscapes of Hargreaves Associates*, Philadelphia: University of Pennsylvania Press, 2013, p.14.

그림 5. Luca Molinari ed., *West 8*, Milano: Skira Architecture Library, 2000, p.109.

그림 6. Fanny Smelik, Chidi Onwuka, Daphne Schuit, Victor J. Joseph and D'Laine Camp eds., *Mosaics West 8*, Basel: Birkhäuser, 2008, p.51.

그림 7. Karen M'Closkey, "Structuring Relations: From Montage to Model in Composite Imaging", in *Composite Landscapes: Photomontage and Landscape Architecture*, Charles Waldheim and Andrea Hansen, eds., Ostfildern: Hatje Cantz Verlag, 2014, p.126.

그림 8. http://parkkim.net/?p=1016

그림 9. Jillian Walliss and Heike Rahmann, *Landscape Architecture and Digital Technologies: Re-conceptualising Design and Making*, London: Routledge, 2016, p.21.

그림 10~12. www.gp-b.com/diana-princess-of-wales-memorial

그림 13~15. http://festival.seoul.go.kr/garden/introduce/2018introduce

## | 찾아보기 |

ㅊ



ㅋ



ㅌ



ㅍ



ㅎ